Mathematik

Gymnasium (G8)

5./6. Schuljahr

von
Tanja Reimbold

WISSEN ... K!

Klett Lernen und Wissen

Tanja Reimbold ist Gymnasiallehrerin für die Fächer Mathematik und Physik in Baden-Württemberg.

Bibliographische Information Der Deutschen Bibliothek
Die Deutsche Bibliothek verzeichnet diese Publikation in der Deutschen Nationalbibliographie; detaillierte bibliographische Daten sind im Internet über http://dnb.ddb.de abrufbar.

Auflage 4 3 2 1 | 2009 2008 2007 2006
Die letzten Zahlen bezeichnen die Auflage und das Jahr des Druckes.

Internetadresse: http://www.klett.de
Umschlaggestaltung: VIER FÜR TEXAS* Ideenwerk, Frankfurt/Main
Illustrationen: Sven Palmowski, Barcelona;
Helmut Holtermann, Dannenberg (S. 51, 52, 53); Uwe Alfer, Waldbreitbach (S. 66, 67, 78, 103);
Bildnachweis:Foto S. 52: Deutsches Spielkartenmuseum Leinfelden-Echterdingen
Satz: Meyle + Müller, Medien-Management, Pforzheim
Reproduktion: Meyle + Müller, Medien-Management, Pforzheim
Druck: Druckerei Wirtz, Speyer
Printed in Germany
ISBN-13: 978-3-12-926005-0
ISBN-10: 3-12-926005-6

9 783129 260050

Inhalt

1 Natürliche Zahlen

Zahlbegriff 6
Große Zahlen 8
Runden von Zahlen 10
Diagramme 12
Stellenwertsysteme 14
Größen und Einheiten 16
Größen mit Komma 18

2 Rechnen in $\mathbb{N}$

Addition und Subtraktion 20
Schriftliches Addieren 22
Schriftliches Subtrahieren 24
Multiplikation und Division 26
Schriftliches Multiplizieren 28
Schriftliches Dividieren 30
Rechenausdrücke 32
Rechengesetze der Addition 34
Weitere Rechengesetze 36
Potenzen 38
Teiler und Vielfache 40
Primzahlen 42

3 Geometrische Grundbegriffe

Koordinatensysteme 44
Strecken und Geraden 46
Lage von Geraden 48
Achsensymmetrie 50
Punktsymmetrie 52

Inhalt

4 Flächen

Figuren und Vielecke 54
Besondere Vierecke 56
Flächeneinheiten 58
Flächeninhalt und Umfang eines Rechtecks 60
Parallelogramm 62
Dreieck 64

5 Körper

Körper 66
Quader und Würfel 68
Volumen und Einheiten 70

6 Ganze Zahlen

Negative Zahlen 72
Addieren und Subtrahieren 74
Multiplizieren und Dividieren 76
Rechenausdrücke 78

7 Bruchzahlen

Bruchteile 80
Kürzen und Erweitern 82
Größenvergleich von Brüchen 84
Brüche und Prozente 86
Addition und Subtraktion 88
Multiplikation und Division mit einer ganzen Zahl 90
Multiplikation und Division mit einem Bruch 92

Inhalt

8 Dezimalzahlen

Dezimalschreibweise 94
Addieren und Subtrahieren 96
Multiplizieren 98
Dividieren 100
Zahlenbereiche 102

9 Terme und Gleichungen

Grundregeln 104
Terme mit einer Variablen 106
Terme aufstellen 108
Gleichungen 110

10 Winkel und Kreis

Winkel 112
Kreise und Kreisausschnitte 114

11 Zuordnungen - Dreisatz

Zuordnungen 116
Proportionale Zuordnungen 118
Dreisatz bei proportionalen Zuordnungen 120
Antiproportionale Zuordnungen 122
Dreisatz bei antiproportionalen Zuordnungen 124

Karteikarten

Spickzettel innere Umschlagseiten

1 Natürliche Zahlen

Zahlbegriff

Die Zahlen, mit denen wir zählen, heißen natürliche Zahlen.

Die **Menge der natürlichen Zahlen** wird mit ℕ bezeichnet und setzt sich aus folgenden Zahlen zusammen: 0; 1; 2; 3; 4; … usw.
Alle natürlichen Zahlen sind positiv.
Man kann sie auf einem Zahlenstrahl darstellen als Abfolge von Punkten im Abstand 1.

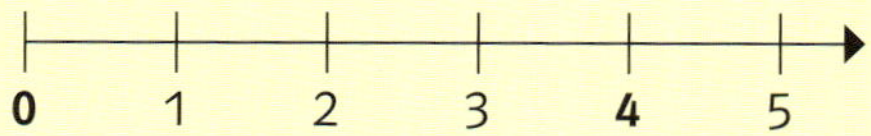

Zu jeder natürlichen Zahl kann man 1 hinzuzählen und erhält eine darauffolgende Zahl. Diese Zahl heißt **Nachfolger**. Da jede Zahl einen Nachfolger hat, gibt es keine größte natürliche Zahl.

Beispiel

4 ist der Nachfolger von 3, da 4 = 3 + 1.

Außer zur Null, kann man von jeder natürlichen Zahl 1 abziehen und erhält die vorangegangene Zahl. Diese Zahl heißt **Vorgänger**. Die Null ist die kleinste natürliche Zahl.

Beispiel

6 ist der Vorgänger von 7, da 6 = 7 − 1.

Will man natürliche Zahlen miteinander vergleichen, so benutzt man die Begriffe größer und kleiner, d.h. 8 ist größer als 5 oder 7 ist kleiner als 9.
Hierfür wurden in der Mathematik Abkürzungen eingeführt.
Für 8 ist **größer als** 5 schreibt man kurz: $8 > 5$
Für 7 ist **kleiner als** 9 schreibt man kurz: $7 < 9$.

Mit diesen 10 Ziffern (0, 1, …, 9) können wir auch größere Zahlen wie z. B. 100 darstellen. Denn in unserem Zahlensystem hängt die Bedeutung einer Ziffer von der Stellung innerhalb der Zahl ab. Ein solches System nennt man auch **Stellenwertsystem**.

Unser Stellenwertsystem heißt Zehnersystem. Es gibt jedoch auch andere Stellenwertsysteme. Diese werden in einem eigenen Kapitel behandelt.

Zehnersystem:

Hier werden 10 Einer zu 1 Zehner, 10 Zehner zu 1 Hunderter, 10 Hunderter zu 1 Tausender usw. zusammengefasst. Man erhält den Wert einer Stelle, indem man die vorangegangene Stelle mit 10 multipliziert.

· 10 · 10 · 10 · 10

…	ZT	T	H	Z	E
…	10 000er	1 000er	100er	10er	1er
	7	8	5	9	2
		3	4	7	5

$7 \cdot 10\,000 + 8 \cdot 1\,000 + 5 \cdot 100 + 9 \cdot 10 + 2 \cdot 1 = 78\,592$

$3 \cdot 1000 + 4 \cdot 100 + 7 \cdot 10 + 5 \cdot 1 = 3\,475$

Wissen kurz gefasst ✓

Menge der natürlichen Zahlen: $\mathbb{N} = \{0, 1, 2, 3, \ldots\}$.

Jede natürliche Zahl hat einen Nachfolger. Es gibt keine größte natürliche Zahl.

Jede natürliche Zahl außer der Null hat einen Vorgänger. Die kleinste natürliche Zahl ist die Null.

Der Wert einer Ziffer hängt von der Stellung innerhalb der Zahl ab.

1 Natürliche Zahlen

Große Zahlen

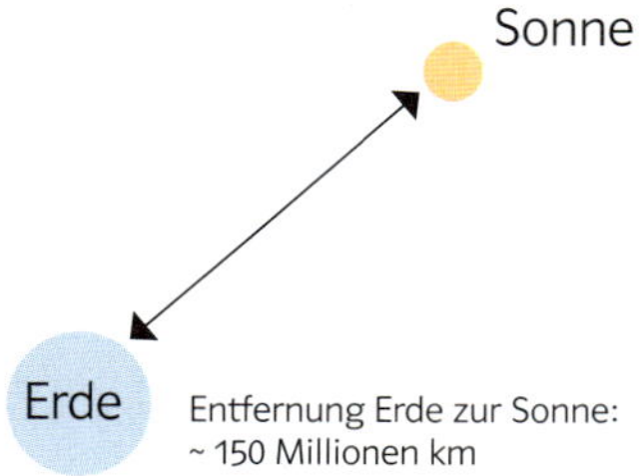

Entfernung Erde zur Sonne:
~ 150 Millionen km

Um die Weltbevölkerung oder das Weltall beschreiben zu können, brauchen wir große Zahlen. Diese Zahlen haben ihren eigenen Namen und ihre eigene Schreibweise.

Bezeichnungen für große Zahlen

1 Million	=	1000 Tausender	=	1 000 000
1 Milliarde	=	1000 Millionen	=	1 000 000 000
1 Billion	=	1000 Milliarden	=	1 000 000 000 000
1 Billiarde	=	1000 Billionen	=	1 000 000 000 000 000
1 Trillion	=	1000 Billiarden	=	1 000 000 000 000 000 000
1 Trilliarde	=	1000 Trillionen	=	1 000 000 000 000 000 000 000
1 Quadrillion	=	1000 Trilliarden	=	1 000 000 000 000 000 000 000 000
…				

Schreibweisen für große Zahlen

1 000	$= 10^3$	(1 mit 3 Nullen)
1 000 000	$= 10^6$	(1 mit 6 Nullen)
1 000 000 000	$= 10^9$	(1 mit 9 Nullen)
1 000 000 000 000	$= 10^{12}$	(1 mit 12 Nullen)
…		

Beispiel

Siebzigtausend:	70 000	$= 7 \cdot 10^4$
6 Billionen:	6 000 000 000 000	$= 6 \cdot 10^{12}$
9 Milliarden:	9 000 000 000	$= 9 \cdot 10^9$
4 Trilliarden:	4 000 000 000 000 000 000 000	$= 4 \cdot 10^{21}$

Damit man große Zahlen besser und schneller lesen kann, unterteilt man die Ziffern in Dreierpäckchen (von rechts nach links).

Um eine große Zahl schneller zu erfassen, benutzt man eine Stellentafel. Dabei gibt die Stelle, an der die Ziffer steht, ihre Bedeutung an. Da der Wert einer Stelle das Zehnfache der vorangegangenen Stelle ist, hat man hier ein Zehnersystem.

Billion			Milliarde			Million			Tausend					
H	Z	E	H	Z	E	H	Z	E	H	Z	E	H	Z	E
									7	2	3	4	5	0
						5	7	0	8	9	5	4	0	0
				4	3	0	7	0	6	5	4	3	0	2
	3	4	0	0	4	6	2	1	0	9	7	6	0	4

H = Hunderter; Z = Zehner; E = Einer

Tipp

Zahlen unter eine Million schreibt man zusammen und klein.
Zahlen über einer Million schreibt man getrennt und groß.

Beispiel

Durchmesser der Sonne: 1391600 km
eine Million dreihunderteinundneunzigtausendsechshundert

Weltbevölkerung: ca. 6511600000
sechs Milliarden fünfhundertelf Millionen sechshunderttausend

Insektenarten: 760000
siebenhundertsechzigtausend

Wissen kurz gefasst

Große Zahlen haben ihre eigenen Bezeichnungen und Schreibweisen.
Man kann sie besonders übersichtlich in einer Stellentafel darstellen.
Hierbei gibt die Position der Ziffer ihre Bedeutung wieder. Der Wert einer Stelle ist das Zehnfache der vorangegangenen Stelle.

Bei großen Zahlen ist der genaue Wert der Zahl oft nicht so wichtig.
Deshalb rundet man diese Zahlen: 3 658 987 ≈ 3 700 000.
Dabei muss man sich entscheiden, auf welche Stelle man die Zahl sinnvoll rundet. Es gibt immer mehrere Möglichkeiten eine Zahl zu runden.

Beispiel

Deine Eltern kaufen sich ein neues Auto für 34 980 Euro. Dein Freund möchte wissen, was das Auto gekostet hat. Du rundest den Wert auf 35 000 Euro. Auf Zehntausender, d.h. 30 000 Euro, zu runden wäre nicht sinnvoll. Ein Auto für 26 000 Euro würde nämlich den gleichen Rundungswert ergeben.

Vorgehensweise beim Runden:

- Wähle eine geeignete Rundungsstelle.
- Betrachte die Ziffer rechts von deiner Rundungsstelle.
- Beträgt diese Ziffer 0, 1, 2, 3, 4, so wird abgerundet. Dabei bleibt die Rundungsziffer erhalten. Alle Ziffern rechts davon werden Null.
- Beträgt diese Ziffer 5, 6, 7, 8, 9 so wird aufgerundet. Dabei wird zur Rundungsziffer 1 hinzugezählt. Auch hier werden alle Ziffern rechts davon Null.

Tipp

Handelt es sich bei der Rundungsziffer um eine 9, so musst du aufpassen. Es verändert sich nämlich nicht nur die Rundungsziffer, sondern auch die Ziffern davor.

Beispiel

Runde folgende Zahlen auf Tausender (T), Hunderter (H) und Zehner (Z):

Gegeben	Lösung		
	T	H	Z
7514	8000	7500	7510
26984	27000	27000	26980
92349	92000	92300	92350
105105	105000	105100	105110

Für gerundete Zahlen schreibt man ≈ :
45637 ≈ 45600

Wissen kurz gefasst ✓

Ist die Ziffer rechts von der Rundungsstelle 0, 1, 2, 3, 4, so rundet man ab. Die Rundungsziffer bleibt erhalten.
Ist die Ziffer rechts von der Rundungsstelle 5, 6, 7, 8, 9 so rundet man auf. Zur Rundungsziffer wird 1 hinzuaddiert.
Alle Ziffern rechts von der Rundungsstelle werden null.
Ist die Rundungsziffer eine 9, so musst du genau aufpassen. Es ändert sich auch die Ziffer davor.

Um Zahlen bzw. Daten zu vergleichen oder zu veranschaulichen, benutzt man Tabellen oder Diagramme. Du findest Diagramme z. B. in Zeitungen zur Darstellung der Ergebnisse von Umfragen oder in deinem Erdkundebuch bei Temperatur- oder Niederschlagswerten.

In einer **Tabelle** werden Texte und Daten in Form von Zeilen und Spalten dargestellt. Der Text und die Daten beziehen sich aufeinander. Aus einer Tabelle kann man die Zahlen sofort ablesen.

In einem **Diagramm** werden die Zahlen anschaulich verglichen. Bevor man das Diagramm zeichnet, überlegt man sich mit dem größten vorkommenden Wert einen geeigneten Maßstab. Man unterscheidet zwischen Säulen- und Balkendiagramm. In einem Säulendiagramm stehen die Säulen senkrecht, in einem Balkendiagramm waagerecht.
Aus einem Diagramm kann man die Zahlen schlecht ablesen.

Beispiel

In einer Klasse mit 32 Schülern wird eine Umfrage zur Lieblingsfarbe durchgeführt.

Tabelle:

Lieblingsfarbe				
Rot	Grün	Gelb	Blau	Schwarz
10	6	9	5	2

Säulendiagramm

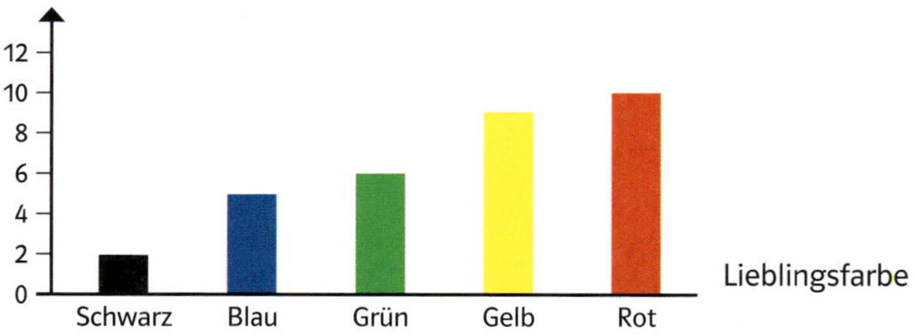

Balkendiagramm

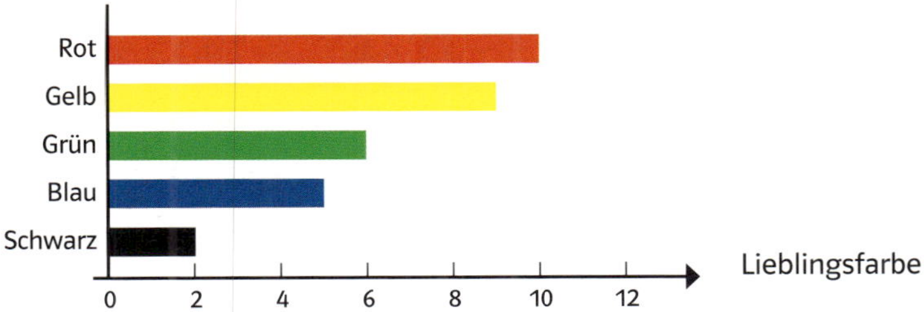

Wie erstelle ich ein Diagramm?

- Überlege dir anhand der Tabelle, welche Daten du in einem Diagramm darstellen möchtest.
- Mittels des größten Wertes findest du einen geeigneten Maßstab.
- Zeichne deine beiden Achsen (mit Lineal) und beachte dabei deinen Maßstab.
- Nun kannst du deine Säulen einzeichnen. Diese ordnest du nach ihrer Größe.

Tipp

Zum Auszählen der Ergebnisse kann eine Strichliste hilfreich sein.
Jeder fünfte Strich wird schräg durch die vorangehenden senkrechten Striche gezogen. Mit einer solchen Strichliste hat man einen guten Überblick.

Rot	𝍸 𝍸
Grün	𝍸 |
Gelb	𝍸 ||||
Blau	𝍸
Schwarz	||

Wissen kurz gefasst ✓

Mit einer Tabelle kann man die einzelnen Zahlen sehr schnell ablesen.
Ein Diagramm dient zur Veranschaulichung von Zahlen. Eine Zunahme oder Abnahme ist sofort ersichtlich. Die Zahlen sind aber meist schlecht ablesbar. Man muss immer auf den Maßstab achten.

Der Computer kennt nur 2 Ziffern, 0 und 1. Mit diesen Ziffern muss er alle Zahlen darstellen können. Um dies zu bewältigen, benutzt er das so genannte Zweier- oder Dualsystem.

Wie wir von unserem Zahlensystem, dem **Zehnersystem** wissen, hängt die Bedeutung einer Ziffer von der Stellung innerhalb der Zahl ab. Es gibt außer dem Zehnersystem weitere **Stellenwertsysteme**.

Im Alltag rechnen wir im Zehnersystem, also einem System mit 10 Zahlzeichen 0, …, 9. Alle höheren Zahlen werden als Kombination aus diesen Zahlen geschrieben. Die ersten 20 Zahlen im Zehnersystem lauten: 1, 2, 3, 4, 5, 6, 7, 8, 9, 10, 11, 12, 13, 14, 15, 16, 17, 18, 19, 20.

Der Computer hingegen verwendet das Zweiersystem, d.h. er stellt alle Zahlen mithilfe der Ziffern 0 und 1 dar. Die ersten 20 Zahlen im Zweiersystem lauten: 1, 10, 11, 100, 101, 110, 111, 1000, 1001, 1010, 1011, 1100, 1101, 1110, 1111, 10000, 10001, 10010, 10011, 10100

Zehnersystem:

Hier werden 10 Einer zu 1 Zehner, 10 Zehner zu 1 Hunderter, 10 Hunderter zu 1 Tausender usw. zusammengefasst. Man erhält den Wert einer Stelle, indem man die vorangegangene Stelle mit 10 multipliziert.

$\cdot 10$ $\cdot 10$ $\cdot 10$ $\cdot 10$

…	10 000er	1 000er	100er	10er	1er
	7	8	5	9	2
		3	4	7	5

$7 \cdot 10\,000 + 8 \cdot 1\,000 + 5 \cdot 100 + 9 \cdot 10 + 2 \cdot 1 = 78\,592$

$3 \cdot 1\,000 + 4 \cdot 100 + 7 \cdot 10 + 5 \cdot 1 = 3\,475$

Zweiersystem:

Im Zweiersystem werden 2 Einer zu 1 Zweier, 4 Einer zu 1 Vierer, 8 Einer zu 1 Achter usw. zusammengefasst. Man erhält den Wert einer Stelle, indem man die vorangegangene Stelle mit 2 multipliziert.

$\cdot 2$ $\cdot 2$ $\cdot 2$ $\cdot 2$ $\cdot 2$

...	32er	16er	8er	4er	2er	1er
			1	0	1	1
	1	0	1	1	0	0

$(1011) = 1 \cdot 8 + 0 \cdot 4 + 1 \cdot 2 + 1 \cdot 1 = 8 + 2 + 1 = 11$
$(101100) = 1 \cdot 32 + 0 \cdot 16 + 1 \cdot 8 + 1 \cdot 4 + 0 \cdot 2 + 0 \cdot 1 = 32 + 8 + 4 = 44$

Man kann sich auf diese Weise jede Art von System bauen.

Zum Beispiel das Fünfersystem:

$\cdot 5$ $\cdot 5$ $\cdot 5$

...	125er	25er	5er	1er
	2	0	4	3
		4	3	0

$(2043) = 2 \cdot 125 + 0 \cdot 25 + 4 \cdot 5 + 3 \cdot 1 = 250 + 20 + 3 = 273$
$(430) = 4 \cdot 25 + 3 \cdot 5 + 0 \cdot 1 = 100 + 15 = 115$

Wissen kurz gefasst ✓

Das Zehner- und das Zweiersystem sind Stellenwertsysteme.
Der Wert einer Ziffer hängt von der Stelle ab, an der die Ziffer in einer Zahl steht.

Mit **Einheiten** sind wir in der Lage Größen miteinander zu vergleichen. So können **Längeneinheiten**, wie der Weg zur Schule nur dann verglichen werden, wenn beide entweder in Meter (m) oder beide in Kilometer (km) angegeben werden. Auch **Gewichtsangaben** oder **Zeitdauern** können nur bei gleicher Einheit wie z. B. Kilogramm (kg) oder Stunden (h) miteinander in Bezug gesetzt werden.

Längeneinheiten

Yard
Kilometer
Mikrometer
Meter
Zentimeter
Dezimeter
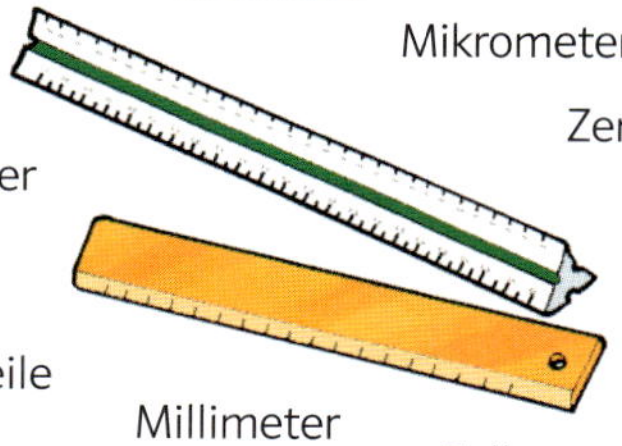
Elle
Fuß
Meile
Millimeter
Zoll

Gewichte

Tonne
Kilogramm
Mikrogramm
Pfund
Gramm
Milligramm

Zeitdauern

Stunde
Tag

Sekunde
Jahr
Minute
Monat

Im Alltag gebräuchliche Einheiten sind:
Längeneinheiten: Kilometer (km), Meter (m), Dezimeter (dm), Zentimeter (cm) und Millimeter (mm).
Gewichte: Tonne (t), Kilogramm (kg), Gramm (g) und Milligramm (mg)
Zeitangaben: Tag (d), Stunde (h), Minute (min) und Sekunde (s).

Umrechnen von Längeneinheiten:

1 km = 1000 m = 10 000 dm = 100 000 cm = 1 000 000 mm
1 m = 10 dm = 100 cm = 1000 mm
1 dm = 10 cm = 100 mm
1 cm = 10 mm

Umrechnen von Gewichten:

1 t = 1000 kg = 1 000 000 g = 1 000 000 000 mg
1 kg = 1000 g = 1 000 000 mg
1 g = 1000 mg

Umrechnen von Zeitangaben:

1 d = 24 h
1 h = 60 min
1 min = 60 s

Beispiel

6 km = 6 000 m; 80 dm = 8 m; 5 dm = 500 mm; 3 m 2 dm = 32 dm
2 t = 2 000 kg; 5 000 mg = 5 g; 3570 g = 3 kg 570 g; 5 g 10 mg = 5 010 mg
120 min = 2 h; 360 s = 6 min; 2 d 3 h = 51 h; 3 600 s = 1 h

Wissen kurz gefasst ✓

Eine Einheit gibt uns die Möglichkeit, Größen miteinander zu vergleichen.
Längeneinheiten: km, m, dm, cm, mm
Gewichte: t, kg, g, mg
Zeitangaben: d, h, min, s

Manchmal ist es sinnvoll, Größen in Kommaschreibweise anzugeben, z. B. 350 cm = 3,5 m
Um Größen, die in Kommaschreibweise angegeben sind, in Größen ohne Komma umzuwandeln oder auch umgekehrt, benutzt du am besten eine Stellenwerttafel.

Im Alltag findest du häufig Größen in Kommaschreibweise, z. B. Gewichtsangaben im Supermarkt oder Längenangaben bei Möbeln.

Umrechnung von Größen mit Komma in Größen ohne Komma:

t			kg			g			mg			
H	Z	E	H	Z	E	H	Z	E	H	Z	E	
					4	8	7	5				4,875 kg = 4 kg 875 g = 4 875 g
	1	2	6	5	8							12,658 t = 12 t 658 kg = 12 658 kg
								3	4	6	9	3,469 g = 3 g 469 mg = 3 469 mg

km			m			dm	cm	mm	
H	Z	E	H	Z	E	E	E	E	
		9	7	3	2				9,732 km = 9 km 732 m = 9 732 m
					3	2	8	5	32,85 dm = 32 dm 85 mm = 32 85 mm
				4	0	1	0	5	40,105 m = 40 m 105 mm = 40 105 mm

Umrechnung von Größen ohne Komma in Größen mit Komma:

t			kg			g			mg			
H	Z	E	H	Z	E	H	Z	E	H	Z	E	
				6	5	4	8	9				65 489 g = 65 kg 489 g = 65,489 kg
		4	8	6	9							4 869 kg = 4 t 869 kg = 4,869 t
								1	5	8	5	1 585 mg = 1 g 585 mg = 1,585 g

km			m			dm	cm	mm	
H	Z	E	H	Z	E	E	E	E	
	7	0	2	3	6				70 236 m = 70 km 236 m = 70,236 km
				4	7	1	0		4 710 cm = 471 dm = 47 m 1 dm = 47,1 m
				6	8	5	2	1	68 521 mm=685 dm 21 mm = 685,21 dm

Um mit Größen in Kommaschreibweise zu rechnen, d.h. diese addieren, subtrahieren, multiplizieren oder dividieren, schreibt man sie zunächst ohne Komma und in der gleichen Einheit. Hast du das Ergebnis bestimmt, kannst du es wieder in Kommaschreibweise bringen.

Beispiel

5,6 g + 78,4 g = 5 600 mg + 78 400 mg = 84 000 mg = 84 g
8,5 kg − 65 g = 8 500 g − 65 g = 8 435 g = 8,435 kg
2,4 m : 6 = 24 dm : 6 = 4 dm = 0,4 m
22,5 cm · 3 = 225 mm · 3 = 675 mm = 67,5 cm = 6,75 dm

Wissen kurz gefasst ✓

Um Größen ohne Komma in Größen mit Komma umzuwandeln oder umgekehrt, benutzt du am besten eine Stellenwerttafel.
Damit du Größen mit Komma leichter addieren, subtrahieren, multiplizieren oder dividieren kannst, wandelst du sie in Größen ohne Komma um und rechnest damit wie bisher. Dein Ergebnis kannst du am Ende wieder in Kommaschreibweise umformen.

Im Alltag, z. B. im Supermarkt, benutzen wir die vier Grundrechenarten. Dazu gehören das Addieren und Subtrahieren, sowie das Multiplizieren und Dividieren. In der Mathematik benutzt man in diesem Zusammenhang Fachausdrücke.

Addieren

Addiert man zwei Zahlen miteinander, so nennt man das Ergebnis eine **Summe**. So sagt man z. B.: Wenn man 245 und 34 miteinander addiert, so erhält man die Summe 279.

Die beiden Zahlen 245 und 34 heißen **Summand**. Zwischen die beiden Summanden setzt man ein Pluszeichen.

245	**+**	**34**	**=**	**279**
1. Summand		**2. Summand**		**Summe**

Subtrahieren

Subtrahiert man zwei Zahlen voneinander, so nennt man das Ergebnis eine **Differenz**. So sagt man z. B.: Wenn man 75 von 275 subtrahiert, so erhält man die Differenz 200.

Die Zahl 275 nennt man **Minuend**, die Zahl 75 **Subtrahend**. Zwischen die beiden Zahlen schreibt man ein Minuszeichen.

275	**–**	**75**	**=**	**200**
Minuend		**Subtrahend**		**Differenz**

Die hier verwendeten Begriffe kommen aus der lateinischen Sprache und haben folgende Bedeutung:

Summand : hinzuzählende Zahl
Summe : Gesamtzahl
Minuend : Zahl, von der etwas abgezogen wird
Subtrahend : Zahl, die abgezogen wird
Differenz : Unterschied

Zusammenhang zwischen Addition und Subtraktion:
Bei diesen beiden Rechenarten handelt es sich um entgegengesetzte Rechenoperationen.
So kann das Addieren einer Zahl durch das Subtrahieren dieser Zahl rückgängig gemacht werden.
Das Subtrahieren einer Zahl kann durch das Addieren derselben Zahl rückgängig gemacht werden.
Diese Eigenschaft kann dir bei der Kontrolle von Ergebnissen hilfreich sein oder beim Finden von gesuchten Zahlen.

Beispiel

a) Berechne folgende Aufgabe und kontrolliere dein Ergebnis mit Hilfe der entgegengesetzten Rechenoperation.
$423 - 48 = 375$ Subtraktion
Umgekehrte Rechenart: Addition
$375 + 48 = 423$

b) Bestimme die gesuchte Zahl:
____ $- 4000 = 6872$
Mittels der entgegengesetzten Rechenoperation, in diesem Fall der Addition, kannst du das Ergebnis ganz einfach bestimmen:
$6872 + 4000 = 10872$

Wissen kurz gefasst ✓

Die Addition und die Subtraktion sind entgegengesetzte Rechenoperationen und gehören zu den vier Grundrechenarten.
Bei der Addition nennt man das Ergebnis Summe und die zu addierenden Zahlen Summanden.
Bei der Subtraktion nennt man das Ergebnis Differenz und die beiden Zahlen Minuend bzw. Subtrahend.

Bei großen Zahlen ist es schwierig, diese im Kopf zu addieren. Durch schriftliches Addieren kann man sich das Leben erleichtern.

Um Zahlen schriftlich zu addieren, schreibst du die Zahlen entsprechend ihrem Stellenwert untereinander, d.h. Einer unter Einer, Zehner unter Zehner, Hunderter unter Hunderter usw. Die Rechenkästchen in deinem Heft können dir dabei helfen.

Schriftliche Addition:

Nun addierst du zuerst die Einer miteinander, dann die Zehner, Hunderter usw.. Es können hierbei Überträge entstehen (Im Folgenden rot gekennzeichnet).

	T	H	Z	E
	2	5	8	9
+		3	8	7
		1	1	
	2	9	7	6

Wir addieren:

1. Einer: 7 + 9 = 16, schreibe 6 übertrage **1**

2. Zehner: **1** + 8 + 8 = 17, schreibe 7 übertrage **1**

3. Hunderter: **1** + 3 + 5 = 9, schreibe 9

4. Tausender: 0 + 2 = 2, schreibe 2

Um dein Ergebnis zu kontrollieren, kann dir eine Überschlagsrechnung helfen.

Überschlagsrechnung:

Hierbei musst du überlegen, wie genau dein Überschlag sein soll.
Du kannst auf Zehner oder Hunderter überschlagen:

Zehner:
2590 + 390 = 2980

Hunderter:
2600 + 400 = 3000

Beispiel

Berechne schriftlich, führe jedoch zuerst eine Überschlagsrechnung durch:

8 224 + 2 346

Überschlag: 8 200 + 2 300 = 10 500

Schriftliche Rechnung:

	8	2	2	4
+	2	3	4	6
1			1	
1	0	5	7	0

34 692 + 208 905 + 3 287 + 57 922

Überschlag: 35 000 + 209 000+ 3 000 + 58 000 = 305 000

Schriftliche Rechnung:

		3	4	6	9	2
+	2	0	8	9	0	5
+			3	2	8	7
+		5	7	9	2	2
	1	2	2	2	1	
	3	0	4	8	0	6

Wissen kurz gefasst ✓

Schriftliches Addieren erfolgt am einfachsten in einer Stellenwerttafel. Bei der Addition, addierst du zuerst die Einer, dann die Zehner, Hunderter, usw.. Beachte dabei die Überträge.

Wie bei der Addition ist es bei der Subtraktion manchmal schwierig, die Aufgaben im Kopf zu lösen. Auch hier kann man sich durch schriftliches Subtrahieren das Leben erleichtern.

Wie bei der schriftlichen Addition schreibst du die Zahlen entsprechend ihrem Stellenwert untereinander.
Bei der Subtraktion gibt es zwei Varianten: schriftliches Subtrahieren durch Ergänzen oder schriftliches Subtrahieren durch Abziehen.

Schriftliches Subtrahieren durch Ergänzen:

Hierbei nutzt du den Zusammenhang zwischen Addition und Subtraktion aus. Wir wissen: Die Subtraktion ist die Umkehrung der Addition. Anstatt die Einer von den Einern zu subtrahieren, suchst du eine Zahl, die die Einer ergänzt. Ebenso verfährst du bei den Zehnern, Hundertern, usw.

	T	H	Z	E
	6	0	4	5
−	3	2	8	4
	1	1		
	2	**7**	**6**	**1**

Wir ergänzen:
1. Einer: 4 + **1** = 5, schreibe **1**
2. Zehner: 8 + **6** = **1**4, schreibe **6**, übertrage **1**
3. Hunderter: **1** + 2 + **7** = 10, schreibe **7**, übertrage **1**
4. Tausender: **1** + 3 + **2** = 6, schreibe **2**

Subtrahieren durch Abziehen:

	T	H	Z	E
	2		3	
	~~3~~	5	~~4~~	2
−	1	6	2	5
	1	**9**	**1**	**7**

1. Einer: 2 − 5 geht nicht, 1 von 4 Z herüber bleibt 3
12 − 5 = **7**
2. Zehner: 3 − 2 = **1**
3. Hunderter: 5 − 6 geht nicht, 1 von 3 T herüber bleibt 2; 15 − 6 = **9**
4. Tausender: 2 − 1 = **1**

Beispiel

Berechne schriftlich, führe jedoch zuerst eine Überschlagsrechnung durch:

10101 – 2512 – 348

Überschlag: 10100 – 2500 - 300 = 7300

Schriftliche Rechnung:

	1	0	1	0	1
–		2	5	1	2
–			3	4	8
	1	1	1	1	
		7	2	4	1

Wir ergänzen:

1. Einer: 8 + 2 + **1** = 11 übertrage **1**

2. Zehner: **1** + 4 + 1 + **4** = 10, übertrage **1**

3. Hunderter: **1** + 3 + 5 + **2** = 11, übertrage **1**

4. Tausender: **1** + 2 + **7** = 10 , übertrage **1**

5. Zehntausender: **1** + 0= 1

Wissen kurz gefasst ✓

Schriftliches Subtrahieren erfolgt am einfachsten in einer Stellenwerttafel.
Beim Ergänzungsverfahren ergänzt du zuerst die Einer, dann die Zehner, Hunderter usw. Achte dabei auf Überträge.
Beim Subtrahieren durch Abziehen subtrahierst du die Einer, Zehner, … Kannst du die Subtraktion nicht durchführen, musst du von der nächsthöheren Stelle 1 übertragen.

Die Multiplikation und die Division gehören wie die Addition und die Subtraktion zu den vier Grundrechenarten.
Auch hier existieren Fachausdrücke, die in der Mathematik verwendet werden.

Multiplikation

Multipliziert man zwei Zahlen miteinander, so nennt man das Ergebnis ein **Produkt**. So sagt man z. B.: Wenn man 25 mit 6 multipliziert, so erhält man das Produkt 150.
Die beiden Zahlen 25 und 6 heißen **Faktoren**. Zwischen den beiden Faktoren steht ein Malzeichen.

25	·	**6**	=	**125**
1. Faktor		**2. Faktor**		**Produkt**

Division

Dividiert man zwei Zahlen, so nennt man das Ergebnis einen **Quotienten**.
So sagt man z. B.: Wenn man 500 durch 50 dividiert, so erhält man den Quotienten 10.
Die Zahl 500 heißt **Dividend**, die Zahl 50 heißt **Divisor**.

500	:	**50**	=	**10**
Dividend		**Divisor**		**Quotient**

Die verwendeten Begriffe kommen aus der lateinischen Sprache und haben die folgende Bedeutung:

Produkt : das Erzeugte
Faktor : derjenige, der etwas tut
Dividend : die zu teilende Zahl
Divisor : die teilende Zahl

Zusammenhang zwischen Multiplikation und Division:
Die Multiplikation und die Division sind wie die Addition und die Subtraktion entgegengesetzte Rechenarten.
Das Multiplizieren mit einer Zahl, wird durch das Dividieren dieser Zahl rückgängig gemacht. Ebenso kann das Dividieren durch eine Zahl durch das Multiplizieren mit dieser Zahl rückgängig gemacht werden.
Dieser Zusammenhang kann zum Kontrollieren von Ergebnissen genutzt werden.

Beispiel

a) 240 : 20 = 12 Division
entgegengesetzte Rechenart: Multiplikation: $20 \cdot 12 = 240$

b) Wie lautet das Produkt aus 4 und 12?
Rechnung: $4 \cdot 12 = 48$
entgegengesetzte Rechenart: Division 48 : 12 = 4

Beim Multiplizieren und Dividieren gibt es wichtige Regeln zu beachten:
- Ist bei der Multiplikation einer der beiden Faktoren 0, so ist auch das Produkt 0.
- Dividiert man 0 durch eine andere Zahl, so ist der Quotient ebenso 0.
- Durch 0 darfst du niemals dividieren.
- Multipliziert man eine Zahl mit 1, so ist der erste Faktor mit dem Produkt identisch.
- Dividiert man eine Zahl durch 1, so ist der Dividend mit dem Quotienten identisch.

Wissen kurz gefasst ✓

Die Multiplikation und Division sind entgegengesetzte Rechenarten.
Das Ergebnis bei der Multiplikation heißt Produkt, die zu multiplizierenden Zahlen nennt man Faktoren.
Das Ergebnis bei der Division heißt Quotient, die beiden Zahlen nennt man Dividend und Divisor.

Wie bei der Addition und Subtraktion ist es bei der Multiplikation manchmal zu schwierig, die Aufgabe im Kopf zu lösen. Deshalb bedient man sich auch hier der schriftlichen Methoden.

Multiplizierst du mehrstellige Faktoren miteinander, musst du konzentriert und sorgfältig arbeiten. Nutze dazu die Rechenkästchen in deinem Heft und schreibe die Zahlen sauber untereinander.

Wir zerlegen unseren 1. Faktor in Einer, Zehner, Hunderter usw.

a) Multiplikation mit einem einstelligen Faktor:

T	H	Z	E		
2	3	4	8	·	5
	1	1	2	4	
	1	1	7	4	0

Einer: 5 · 8 = 40 schreibe 0, übertrage 4

Zehner: 5 · 4 + 4 = 24 schreibe 4, übertrage 2

Hunderter: 5 · 3 + 2 = 17 schreibe 7, übertrage 1

Tausender: 5 · 2 + 1 = 11, schreibe 11

b) Multiplikation mit einem mehrstelligen Faktor:

Dabei führst du das bei a) vorgestellte Verfahren mehrfach durch.

5	4	8	2	·	4	3	2	
	2	1	9	2	8	0	0	5482 · 400
+		1	6	4	4	6	0	5482 · 30
+			1	0	9	6	4	5482 · 2
		1		2	1			
	2	3	6	8	2	2	4	

Um dein Ergebnis zu kontrollieren, kannst du wieder eine Überschlagsrechnung durchführen.

Tipp

Tipp bei der Multiplikation:

Es kann vorteilhaft sein, wenn du die Zahl mit folgenden Eigenschaften als zweiten Faktor verwendest:

- **Gleiche** Ziffern
- **Weniger Stellen** als die andere Zahl
- **Nullen** als Ziffern

Kommen Nullen als Ziffern in deinen Faktoren vor, musst du beim Multiplizieren aufpassen!

Beispiel

a) Nullen im 2. Faktor: 476 · 301

Überschlag: 500 · 300 = 150 000

Schriftliche Rechnung:

4	7	6	·	3	0	1
	1	4	2	8	0	0
+			0	0	0	0
+				4	7	6
			1			
	1	4	3	2	7	6

b) Nullen in beiden Faktoren: 502 · 50

Überschlag: 500 · 50 = 25 000

Schriftliche Rechnung:

5	0	2	·	5	0
	2	5	1	0	0
+			0	0	0
	2	5	1	0	0

Wissen kurz gefasst ✓

Bei der Multiplikation musst du darauf achten, dass die Zahlen entsprechend ihren Stellen untereinanderstehen. Zuerst multiplizierst du die 1. Ziffer des 2. Faktors mit dem 1. Faktor, dann die 2. Ziffer des 2. Faktors mit dem 1. Faktor usw. Zum Schluss addierst du die erhaltenen Zahlen.

Das schriftliche Dividieren erleichtert dir wie die anderen schriftlichen Rechenarten das Leben und hilft dir Fehler zu vermeiden. Wie bei allen schriftlichen Rechenarten kannst du eine Stellenwerttafel benutzen und deine Zahlen in Einer, Zehner, Hunderter, usw. zerlegen.

a) Division ohne Rest:

	T	H	Z	E					H	Z	E
	7	4	1	6	:	1	8	=	4	1	2
−	7	2									
		2	1								
	−	1	8								
			3	6							
		−	3	6							
				0							

18 geht 4-mal in 74, schreibe 4
Subtrahiere $4 \cdot 18 = 72$ von 74
Rest 2, hohle die **1** herunter
18 geht 1-mal in 21, schreibe 1
Subtrahiere $1 \cdot 18 = 18$ von 21
Rest 3, hohle die **6** herunter
18 geht 2-mal in 36, schreibe 2
Subtrahiere $2 \cdot 18 = 36$ von 36

b) Division mit Rest:

	T	H	Z	E					H	Z	E	
	5	5	2	9	:	1	7	=	3	2	5	Rest 4
−	5	1										
		4	2									
	−	3	4									
			8	9								
		−	8	5								
				4								

Eine Überschlagsrechnung hilft dir dein Ergebnis zu kontrollieren. Außerdem ist es sinnvoll, eine Probe durchzuführen. Dabei musst du den Rest beachten!
Beim Dividieren musst du bei Nullen immer wachsam sein!

Beispiel

Berechne 51069 : 17 und führe eine Überschlagsrechnung durch, sowie eine Probe.

Überschlag: 51000 : 17 = 3000

Schriftliche Rechnung:

51069 : 17 = 3004	Rest 1
− 51	
00	Auch die 0 muss beachtet werden
− 00	
06	
− 00	17 ist nullmal in 6 enthalten
69	
− 68	
1	

Probe:

3004 · 17	
30040	
+ 21028	51068 + 1 = 51069
51068	

Wissen kurz gefasst ✓

Beim Dividieren überlegst du dir, wie oft die Zahl in der zu dividierenden Zahl enthalten ist.
Eine Überschlagsrechnung sowie eine Probe, die die entgegensetzte Rechenart die Multiplikation ausnutzt, helfen dir dein Ergebnis zu kontrollieren.

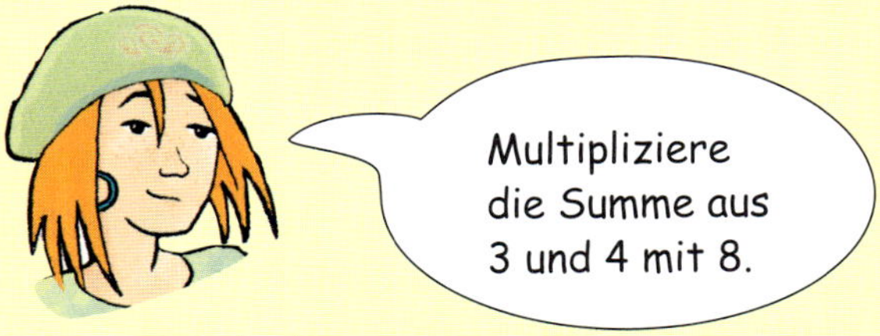

(3 + 4) · 8

Terme sind Rechenausdrücke, die aus Zahlen und Rechenzeichen bestehen.
Man kann einen Rechenweg mittels eines einzigen Rechenausdrucks darstellen.
Das Ergebnis ist dann der Wert des Term.
Berechnet man einen Term, so muss man folgende Rechenregeln einhalten:

- Zuerst berechnet man die Klammern.
- Punktrechnung (Multiplikation bzw. Division) vor Strichrechnung (Addition bzw. Subtraktion).
- Gibt es Klammern innerhalb von Klammern, so berechnet man die inneren Klammern zuerst.
- Kommen bei einer Strichrechnung keine Klammern vor, so rechnet man von links nach rechts.

Beispiel

Klammern zuerst ausrechnen:

a) 248 − (60 + 98)
= 248 − 158
= 90

b) 5 · (13 + 8)
= 5 · 21
= 105

c) (14 + 6) · (23 + 2)
= 20 · 25
= 500

Beispiel

Punkt- vor Strichrechnung:

a) $5 \cdot 7 + 5$
$= 35 + 5$
$= 40$

b) $2 \cdot 3 + 24 : 6$
$= 6 + 4$
$= 10$

c) $5 \cdot 8 - 10 + 4 \cdot 7$
$= 40 - 10 + 28$
$= 58$

Verwendung beider Regeln:

$22 + (76 - 36 : 6) \cdot 2$	Punkt- vor Strichrechnung in der Klammer
$= 22 + (76 - 6) \cdot 2$	Klammer berechnen
$= 22 + 70 \cdot 2$	Punkt- vor Strichrechnung
$= 22 + 140$	
$= 162$	

Klammern innerhalb von Klammern:

$[80 - (1 + 9) \cdot 2] : 3$	Zuerst die innere Klammer berechnen
$= [80 - 10 \cdot 2] : 3$	Punkt vor Strichrechnung in der Klammer
$= [80 - 20] : 3$	Äußere Klammer berechnen
$= 60 : 3$	
$= 20$	

Tipp

Der Term vor und hinter dem Gleichheitszeichen muss immer den gleichen Wert haben.

$215 - 53 + 23 - 8 = 162 + 23$
$= 185$

In diesem Falle steht links vom Gleichheitszeichen **nicht** das gleiche wie rechts davon.

Wissen kurz gefasst ✓

Beim Rechnen mit Termen musst du die folgenden wichtigen Rechengesetze beachten:
- Klammern werden zuerst berechnet
- Innere Klammern werden vor äußeren Klammern berechnet
- Punkt- vor Strichrechnung

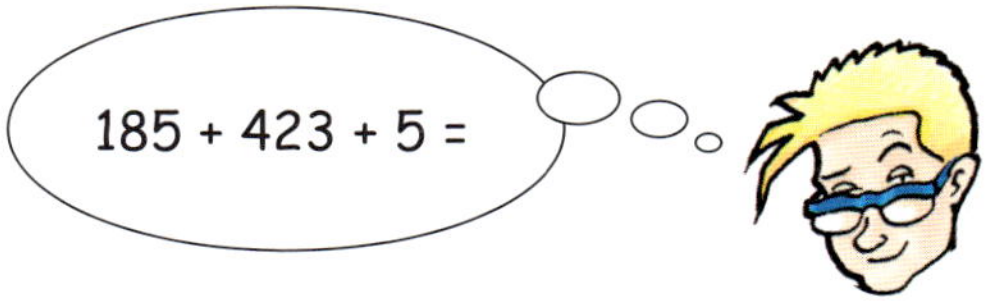

Die folgenden Rechengesetze können dir helfen, Kopfrechenaufgaben schneller zu lösen.

Kommutativgesetz:
Der Begriff kommutativ kommt aus dem Lateinischen und bedeutet vertauschen.
Für die Addition bedeutet dies, dass man die beiden Summanden vertauschen darf.
Sind a und b natürliche Zahlen, so gilt:

$$\mathbf{a + b = b + a}$$

Beispiel: $4 + 8 = 8 + 4$
$12 = 12$

Assoziativgesetz:
Der Begriff assoziativ kommt auch aus dem Lateinischen und bedeutet verbindend.
Für die Addition bedeutet dies, dass man bei einer Summe mit 3 oder mehr Summanden an beliebigen Stellen Klammern setzen darf. Dadurch verändert sich der Wert der Summe nicht. Aus diesem Grund darf man die Klammern auch weglassen.
Sind **a**, **b** und **c** natürliche Zahlen, so gilt:

$$\mathbf{(a + b) + c = a + (b + c) = a + b + c}$$

Beispiel: $(12 + 8) + 13 = 12 + (8 + 13)$
$20 + 13 = 12 + 21$
$33 = 33$

Tipp

Diese beiden Gesetze darfst du auf **keinen Fall** bei der **Subtraktion** anwenden, denn hier ist es nicht egal, ob du 7 - 4 oder 4 - 7 rechnest.

Bei der Verbindung der Addition und Subtraktion darfst du das Kommutativgesetz in solchen Fällen anwenden:

$$\mathbf{a - (b + c) = a - (c + a)}$$

12 - (3 + 8) = 12 - (8 + 3)		Klammern werden zuerst berechnet
12 - 11 = 12 - 11		
1 = 1		

Das Kommutativgesetz und das Assoziativgesetz können vorteilhaft bei Kopfrechenaufgaben sein.

Beispiel

Beachte beim Rechen die Rechenvorteile:

a) 25 + 38 + 62 = 25 + (38 + 62) = 25 + 100 = 125
↑
Das Assoziativgesetz erlaubt dir Klammern zu setzen

b) 5 + 47 + 35 + 3 = 5 + 35 + 47 + 3 = (5 + 35) + (47 + 3) = 40 + 50 = 90
↑ ↑
Kommutativgesetz Assoziativgesetz

Wissen kurz gefasst ✓

Das Kommutativgesetz und das Assoziativgesetz sind Rechengesetze der Addition. Sie helfen dir Aufgaben schneller im Kopf zu bearbeiten.

Kommutativgesetz: a + b = b + a

Assoziativgesetz: a + (b + c) = (a + b) + c

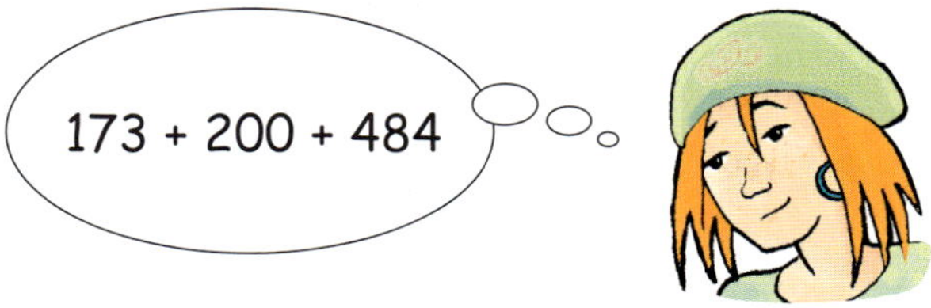

Bei Kopfrechenaufgaben hilft dir ein geschicktes Vorgehen mittels Rechengesetzen.

Kommutativgesetz:
Wie bei der Addition bedeutet das Kommutativgesetz, dass man bei einem Produkt die beiden Faktoren vertauschen darf.
Sind **a** und **b** natürliche Zahlen, so gilt:

$$\mathbf{a \cdot b = b \cdot a}$$

Beispiel: $4 \cdot 8 = 8 \cdot 4$
$32 = 32$

Assoziativgesetz:
Auch das Assoziativgesetz lässt sich von der Addition auf die Multiplikation übertragen. So darf man bei einem Produkt aus drei oder mehreren Faktoren beliebig Klammern setzen, ohne dass sich das Produkt verändert. Man kann auch die Klammern weglassen.
Sind **a**, **b** und **c** natürliche Zahlen, so gilt:

$$\mathbf{(a \cdot b) \cdot c = a \cdot (b \cdot c) = a \cdot b \cdot c}$$

Beispiel: $(2 \cdot 8) \cdot 3 = 2 \cdot (8 \cdot 3)$
$16 \cdot 3 = 2 \cdot 24$
$48 = 48$

Tipp

So wie du nicht einfach die Gesetze der Addition auf die Subtraktion übertragen durftest, musst du hier auch bei der Division vorsichtig sein. Diese beiden Gesetze gelten **nicht** für die **Division**, denn 15 : 3 ist nicht gleich 3 : 15.

Die Rechenarten Addition, Subtraktion, Multiplikation und Division treten nicht immer nur getrennt auf, sondern auch in Verbindung miteinander. An dieser Stelle musst du besonders gut aufpassen und auf die Klammern und Vorzeichen achten. Das zugehörige Gesetz heißt Distributivgesetz.

Verbindung der Rechenarten:

Distributivgesetz für Multiplikation und Addition:
Der Begriff distributiv kommt aus dem Lateinischen und bedeutet verteilend.
Es ist egal, ob du zuerst die Summe berechnest und diese dann mit dem Faktor multiplizierst oder ob du erst beide Summanden mit dem Faktor multiplizierst und dann die beiden Zahlen addierst.
Sind a, b und c natürliche Zahlen, so gilt:

$$a \cdot (b + c) = a \cdot b + a \cdot c$$

Beispiel: $2 \cdot (8 + 13) = 2 \cdot 21 = 42$
oder $2 \cdot (8 + 13) = 2 \cdot 8 + 2 \cdot 13 = 16 + 26 = 42$

Distributivgesetz für Multiplikation und Subtraktion:
Sind **a**, **b** und **c** natürliche Zahlen, so gilt:

$$a \cdot (b - c) = a \cdot b - a \cdot c$$

Beispiel: $2 \cdot (8 - 3) = 2 \cdot 5 = 10$
oder $2 \cdot (8 - 3) = 2 \cdot 8 - 2 \cdot 3 = 16 - 6 = 10$

Distributivgesetz für Division und Addition/Subtraktion:
Sind **a**, **b** und **c** natürliche Zahlen, so gilt:

$$a : (b + c) = a : b + a : c \quad \text{bzw.} \quad a : (b - c) = a : b - a : c$$

Die Zahl 1024 kann man auch schreiben als $2 \cdot 2 \cdot 2 \cdot 2 \cdot 2 \cdot 2 \cdot 2 \cdot 2 \cdot 2 \cdot 2$. Da dies jedoch sehr viel Schreibarbeit ist, hat man eine vereinfachte Schreibweise dafür entwickelt.

Ein Produkt aus lauter gleichen Faktoren,
z. B., $2 \cdot 2 \cdot 2 \cdot 2 \cdot 2 \cdot 2 \cdot 2 \cdot 2 \cdot 2 \cdot 2 \cdot$ kann man auch als **Potenz** schreiben:

2^{10} (sprich: „2 hoch 10")

Man sagt auch: Die Zahl 2 wird mit 10 potenziert.
Dabei gibt die 10 an, wie oft die 2 mit sich selbst multipliziert wird.

$5^2 = 25$

Basis (Grundzahl)
Exponent (Hochzahl)
Potenzwert

Festlegungen: $2^1 = 2$; $2^0 = 1$

Beispiel

a) $7^4 = 7 \cdot 7 \cdot 7 \cdot 7 = 2401$

b) $12^3 = 12 \cdot 12 \cdot 12 = 1728$

c) $10^4 = 10 \cdot 10 \cdot 10 \cdot 10 = 10\,000$

d) $6^1 = 6$

e) $8^0 = 1$

Treten in Rechenausdrücken Potenzen auf, so haben diese Vorrang.

Es gilt:
- Potenzen vor Punktrechnung
- Potenzen vor Strichrechnung

Nicht vergessen: Auch bei Potenzen haben die Klammern Vorrang.

Beispiel

a) $7 \cdot 2^4 = 7 \cdot 16 = 112$

b) $3^2 \cdot 6^1 \cdot 4 = 9 \cdot 6 \cdot 4 = 216$

c) $5^3 \cdot 2 - 6 \cdot 2^2 = 125 \cdot 2 - 6 \cdot 4 = 250 - 24 = 226$

d) $(15 - 5)^3 = 10^3 = 1000$

e) $5 \cdot (3^4 + 36 : 4) = 5 \cdot (81 + 36 : 4) = 5 \cdot (81 + 9) = 5 \cdot 90 = 450$

f) $3^3 + (7 \cdot 2^2 - 4^2)^2 = 3^3 + (7 \cdot 4 - 16)^2 = 3^3 + (28 - 16)^2 = 3^3 + 12^2 = 27 + 144 = 171$

Wissen kurz gefasst ✓

Wird eine Zahl mehrfach mit sich selbst multipliziert, so kann man sie durch eine Potenz darstellen.

$$\mathbf{3^4 = 3 \cdot 3 \cdot 3 \cdot 3 = 81}$$

Die Zahl 3 heißt Basis oder Grundzahl, die Zahl 4 heißt Exponent oder Hochzahl.

Es gilt: $\mathbf{3^1 = 3; 3^0 = 1}$

Teiler und Vielfache

Teilt man zwei Zahlen durcheinander, so kann die Division aufgehen oder ein Rest übrig bleiben. Teilt eine natürliche Zahl eine andere natürliche Zahl ohne Rest, so ist sie ein Teiler der Zahl.

Ist eine natürliche Zahl a ohne Rest durch eine natürliche Zahl b teilbar,
so nennt man b einen **Teiler** von a.
Man sagt auch b teilt a.

Beispiel:

a) 24 ist ohne Rest durch 4 teilbar.
   Also ist 4 ein Teiler von 24.

b) 35 ist ohne Rest nicht durch 9 teilbar.
   Also ist 9 kein Teiler von 35.

Multipliziert man eine natürliche Zahl a nacheinander mit 1, 2, 3, 4, …,
so erhält man die **Vielfachen** der Zahl a.
Hinweis: Jede Zahl hat unendlich viele Vielfache.

Beispiel:

15 ist ein Vielfaches von 5, denn $15 = 3 \cdot 5$

Zusammenhang zwischen Teiler und Vielfaches:

Ist die natürliche Zahl b ein Teiler der natürlichen Zahl a,
dann ist a auch ein Vielfaches der Zahl b.

Beispiel:

7 ist ein Teiler von 49.
49 ist ein Vielfaches von 7, da $7 \cdot 7 = 49$.

Regeln zum Bestimmen, ob eine Zahl eine andere Zahl teilt:

- Eine natürliche Zahl ist immer dann durch 2 teilbar, wenn die letzte Ziffer durch 2 teilbar ist, also 0, 2, 4, 6, 8.
- Eine natürliche Zahl ist immer dann durch 3 teilbar, wenn die Summe aller Ziffern durch 3 teilbar ist.
- Eine natürliche Zahl ist immer dann durch 4 teilbar, wenn die letzten beiden Ziffern durch 4 teilbar sind.
- Eine natürliche Zahl ist immer dann durch 5 teilbar, wenn die letzte Ziffer eine 0 oder 5 ist.
- Eine natürliche Zahl ist immer dann durch 9 teilbar, wenn die Summe aller Ziffern durch 9 teilbar ist.

Beispiel

a) 212 ist durch 2 teilbar, da die letzte Ziffer eine 2 ist und diese durch 2 teilbar ist. $212 : 2 = 106$
212 ist auch durch 4 teilbar, da die letzten beiden Ziffern durch 4 teilbar sind. $212 : 4 = 53$

b) 315 ist durch 3 teilbar, da die Summe aller Ziffern $3 + 1 + 5 = 9$ durch 3 teilbar ist. $315 : 3 = 105$
315 ist auch durch 9 teilbar, da die Summe aller Ziffern 9 durch 9 teilbar ist. $315 : 9 = 35$
315 ist auch noch durch 5 teilbar, da die letzte Ziffer eine 5 ist.
$315 : 5 = 63$

Wissen kurz gefasst ✓

Eine Zahl b heißt Teiler einer Zahl a, wenn b die Zahl a ohne Rest teilt.
Eine Zahl b ist ein Vielfaches von a, wenn a mit 1, 2, 3, 4, … multipliziert die Zahl b ergibt.
Ist b ein Teiler von a, so ist b auch ein Vielfaches von a.

Primzahlen

Teilt man eine natürliche Zahl durch eine andere natürliche Zahl, so kann es passieren, dass ein Rest übrig bleibt. Es gibt natürliche Zahlen, bei denen immer ein Rest übrig bleibt, außer man teilt diese durch 1 oder sich selbst. Solche Zahlen nennt man **Primzahlen**.

Primzahlen sind natürliche Zahlen, die nur durch sich selbst und 1 teilbar sind. Sie besitzen also **genau 2 Teiler**.
Die Zahl 1 erfüllt diese Bedingung nicht, denn sie besitzt nur einen Teiler, nämlich die 1.
Es gibt **unendlich viele Primzahlen**. Die größte bekannte Primzahl ist eine Zahl mit 9 152 052 Stellen.

Die Primzahlen unter den ersten 100 Zahlen sind rot:

1 2 3 4 5 6 7 8 9 10 11 12 13 14 15 16 17 18 19 20

21 22 23 24 25 26 27 28 29 30 31 32 33 34 35 36 37

38 39 40 41 42 43 44 45 46 47 48 49 50 51 52 53 54

55 56 57 58 59 60 61 62 63 64 65 66 67 68 69 70 71

72 73 74 75 76 77 78 79 80 81 82 83 84 85 86 87 88

89 90 91 92 93 94 95 96 97 98 99 100

Du kannst jede natürliche Zahl als Produkt von Primzahlen schreiben. Dieses Produkt heißt die **Primfaktorzerlegung der Zahl**. Es existiert für jede Zahl nur **eine Möglichkeit** sie als Produkt von Primzahlen zu schreiben.

Beispiel

$$85 = 5 \cdot 17$$
$$770 = 2 \cdot 5 \cdot 7 \cdot 11$$

Vorgehensweise bei der Primfaktorzerlegung:
Dazu geht man bei der Primzahl 2 beginnend die einzelnen Primzahlen durch und prüft, ob diese die zu zerlegende Zahl ohne Rest teilt. Hat man eine Primzahl gefunden, so schreibt man diese auf und teilt die zu zerlegende Zahl durch die Primzahl. Nun hast du eine neue zu zerlegende Zahl gefunden. Für diese neuen Zahl suchst du wieder eine Primzahl, die diese ohne Rest teilt. Dieses Verfahren wendest du so lange an, bis am Schluss nur noch eine Primzahl übrig bleibt.

Beispiel

1. **Zerlege die Zahl 1638 in Primfaktoren:**
   1638 ist teilbar durch die Primzahl 2. Diese Zahl 2 merken wir uns und berechnen $1638 : 2 = 819$. 819 ist nicht mehr durch 2 teilbar, aber durch die Primzahl 3. Also 3 merken und $819 : 3 = 273$ berechnen.
   273 ist noch mal durch 3 teilbar. Also 3 merken und $273 : 3 = 91$ berechnen.
   91 ist nicht mehr durch 3 teilbar, auch nicht durch 5,
   aber durch 7. Wir merken uns die 7 und berechnen $91 : 7 = 13$.
   Die Zahl 13 ist eine Primzahl und somit nicht mehr zerlegbar.
   Unsere Primfaktorzerlegung der Zahl 1638 lautet:
   $1638 = 2 \cdot 3 \cdot 3 \cdot 7 \cdot 13$

2. **Teilt 21 die Zahl 84?**
   Hierbei hilft dir auch eine Primfaktorzerlegung: $84 = 2 \cdot 2 \cdot 3 \cdot 7$
   Da 84 durch 3 und 7 teilbar ist, ist sie auch durch das Produkt aus diesen beiden Zahlen, d.h. $3 \cdot 7 = 21$ teilbar.

Wissen kurz gefasst ✓

Primzahlen sind natürliche Zahlen, die genau zwei Teiler besitzen, nämlich sich selbst und die Zahl 1.
Die Zahl 1 ist keine Primzahl.
Es gibt unendlich viele Primzahlen.

Koodinatensysteme

Um in der Geometrie die Lage von Punkten oder Linien zu beschreiben, behilft man sich mit einem Gitter. Man legt einen Anfangspunkt fest und beschreibt mit Hilfe zweier Zahlen den Weg zum Punkt. Man wählt zuerst den Anfangspunkt 0, den so genannten **Ursprung**. Von dort aus zeichnet man einen Zahlenstrahl nach rechts und senkrecht dazu einen Zahlenstrahl nach oben. Der Zahlenstrahl nach rechts heißt **x-Achse**, der Zahlenstrahl nach oben heißt **y-Achse**.

Die beiden Achsen und der Ursprung bilden das so genannte **Koordinatensystem**.

Beschreibung eines Punktes in einem Koordinatensystem:

Ein Punkt in einem Koordinatensystem wird durch einen Großbuchstaben und zwei Zahlen beschrieben.

Z. B. P(5/3)

Die beiden Zahlen beschreiben, wie man vom Ursprung aus zu diesem Punkt gelangt. Der erste Wert (hier 5) gibt an, dass man 5 Einheiten auf der x-Achse nach rechts laufen muss. Man nennt diesen Wert **x-Koordinate**. Der zweite Wert (hier 3) gibt an, dass man 3 Einheiten parallel zur y-Achse nach oben laufen muss. Diesen Wert nennt man **y-Koordinate**.

y-Koordinate

P (5/3)

x-Koordinate

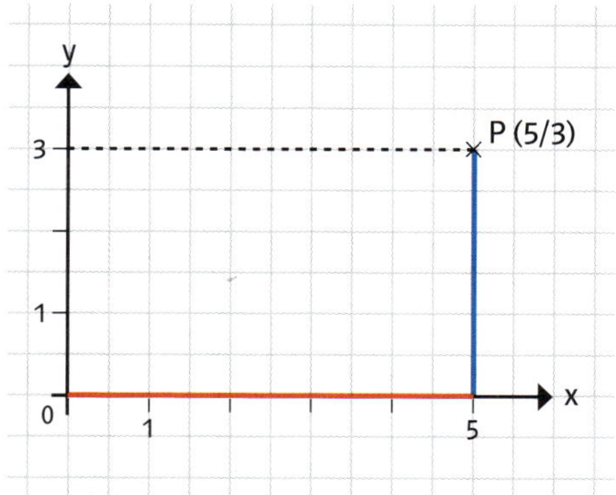

Beispiel

Zeichne folgende Punkte in ein Koordinatensystem:
A(2/3); B(6/1,5); C(6/6); D(3/6)
Verbinde anschließend Punkt A mit C und B mit D.
Bestimme den Schnittpunkt dieser beiden Linien.

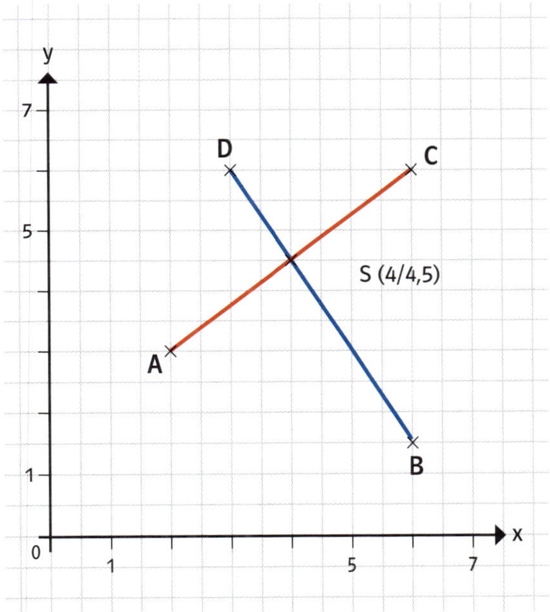

Wissen kurz gefasst ✓

Mittels eines Koordinatensystems kann man die Lage eines Punktes beschreiben. Der Punkt wird mit 2 Zahlen beschrieben. Diese beiden Zahlen heißen Koordinaten. Die erste Zahl, die x-Koordinaten, gibt an, wie weit du vom Ursprung aus auf der x-Achse nach rechts laufen musst. Die zweite Zahl, die y-Koordinate, gibt an, wie weit du senkrecht nach oben laufen musst.

3 Geometrische Grundbegriffe Strecken, Geraden

Strecken

In der Geometrie gibt es nicht nur Punkte, sondern auch Verbindungslinien zwischen den Punkten. Diese Linien heißen Strecken.

Verbindest du 2 Punkte mit einer geraden Linie, so erhältst du eine Strecke. Eine Strecke hat immer einen Anfangspunkt und einen Endpunkt.
Hat eine Strecke den Anfangspunkt A und den Endpunkt B, so nennt man sie die Strecke AB und schreibt: AB.

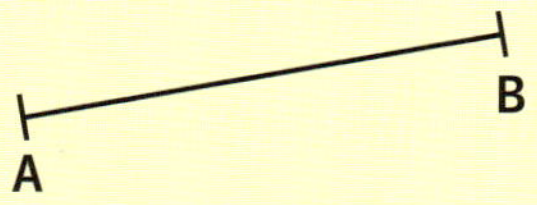

Hat eine Strecke eine Länge z. B. 4 cm, so schreibt man: $\overline{AB}$ = 4 cm.

Verbindet man mehrere Punkte miteinander durch Strecken, so erhält man einen **Streckenzug**.

Verlängert man eine Strecke über ihre Endpunkte hinaus, so erhält man eine Gerade. Eine **Gerade** hat somit keinen Anfang und kein Ende, sie ist unendlich lang.

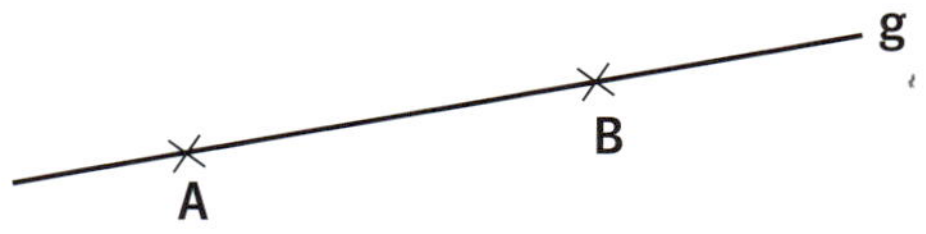

Die beiden Punkte A und B liegen auf der Geraden. Deshalb sagt man auch, die Gerade geht durch die Punkte A und B.

Geraden werden immer mit kleinen Buchstaben bezeichnet, z. B. g, h, …

Verlängert man eine Strecke nur auf einer Seite, so erhält man eine Halbgerade oder Strahl. Eine Halbgerade hat einen Anfang, aber kein Ende.
Eine Halbgerade wird auch mit einem kleinen Buchstaben bezeichnet.

Welche Linien sind Strecken, Geraden oder Halbgeraden?

Beispiel

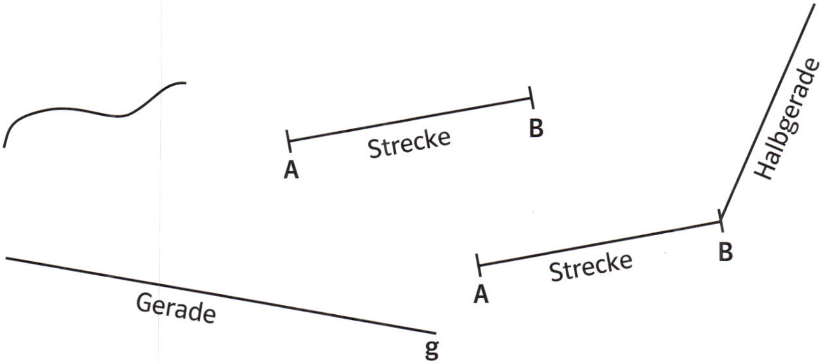

Wissen kurz gefasst ✓

Strecken haben einen Anfangs- und Endpunkt. Man schreibt z. B.: AB.
Für die Länge der Strecke schreibt man: $\overline{AB}$
Geraden haben keinen Anfangs- und Endpunkt, sie sind unendlich lang.
Man bezeichnet sie mit kleinen Buchstaben.
Eine Halbgerade hat einen Anfangspunkt, aber keinen Endpunkt. Auch sie wird durch kleine Buchstaben beschrieben.

Geometrische Grundbegriffe

Zwei Geraden können in verschiedenen Beziehungen zueinander stehen. Sie können sich schneiden oder sie können parallel zueinander sein.

Schnittpunkt von Geraden

Haben Geraden einen gemeinsamen Punkt, so sagt man die Geraden schneiden sich. Den Punkt bezeichnet man als Schnittpunkt.

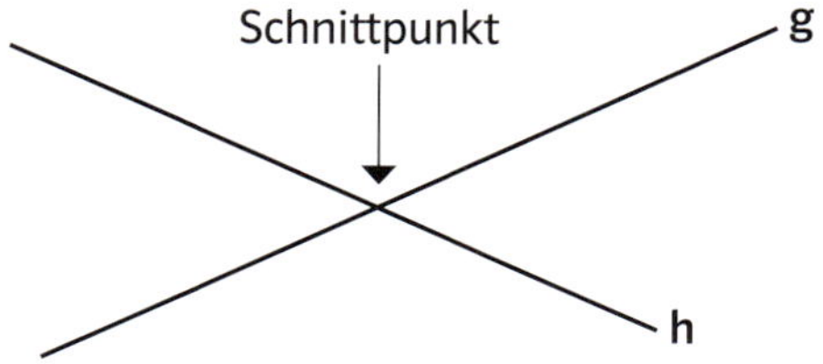

Schneiden sich die Geraden in einem rechten Winkel, so sagt man auch die Geraden sind **orthogonal** zueinander.
Sind die Geraden g und h orthogonal zueinander, so schreibt man:

$$g \perp h.$$

In der Zeichnung kennzeichnest du es mit folgendem Zeichen: ⦜

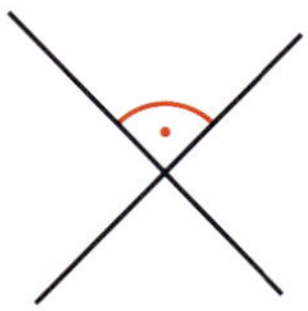

Mit dem Geodreieck zeichnest du orthogonale Geraden, in dem du die Mittellinie des Geodreiecks auf eine Gerade legst

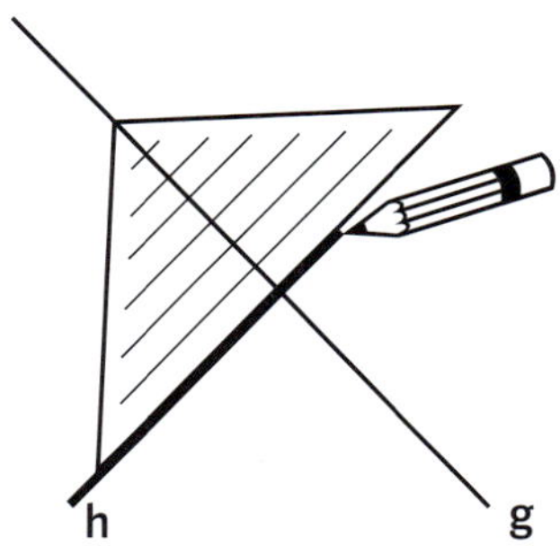

Parallele Geraden:
Haben Geraden keinen Schnittpunkt, so sagt man die Geraden sind parallel zueinander.
Man schreibt dafür g || h.

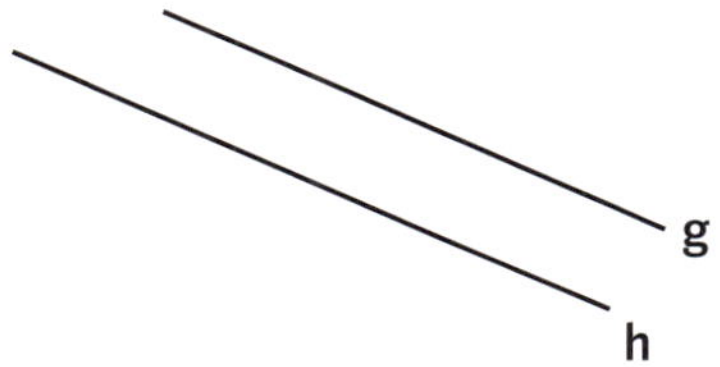

Mit dem Geodreieck zeichnest du parallele Geraden mithilfe der parallelen Linien auf deinem Geodreieck.

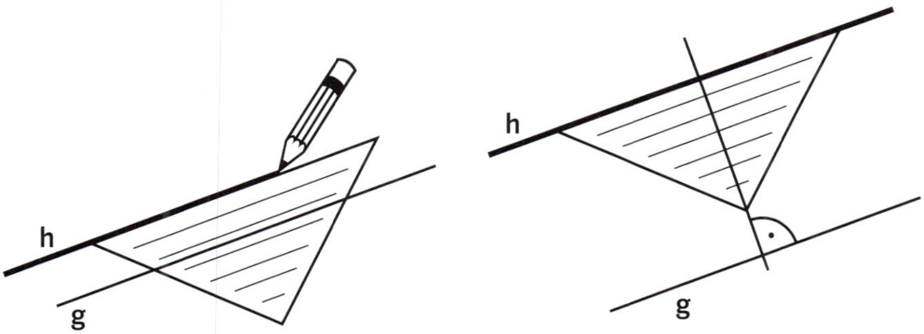

Ist $g \perp h$ und $i \perp h$, dann ist g || i.

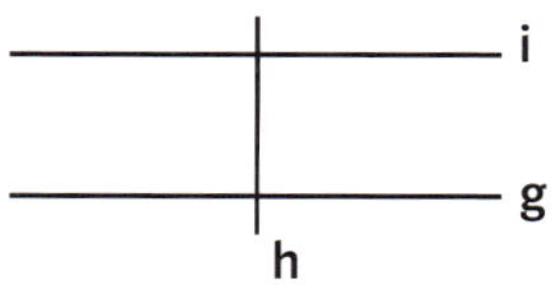

Beispiel

Wissen kurz gefasst ✓

Geraden können verschiedene Beziehungen zueinander haben.
Sie können sich in einem Punkt schneiden.
Sie können orthogonal zueinander sein, d.h. sich in einem rechten Winkel schneiden.
Sie können parallel zueinander sein, d.h. sie haben keinen Schnittpunkt.

Faltest du ein Blatt Papier und schneidest eine Figur aus, so erhältst du nach dem Aufklappen eine Figur, die aus zwei gleichen Hälften besteht.

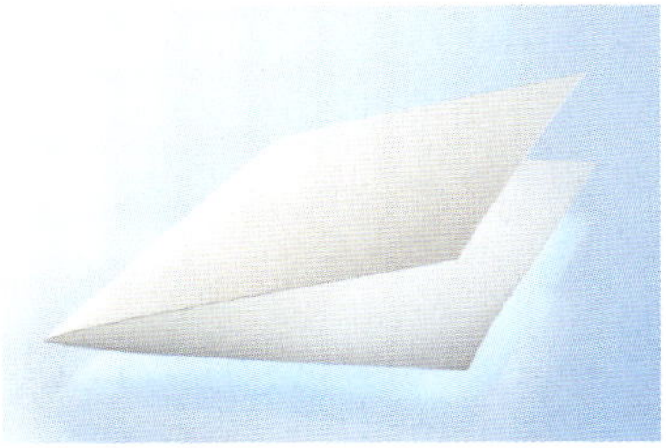

Eine Faltlinie, die eine Figur in zwei identische Hälften teilt, nennt man **Symmetrieachse**. Die Figur nennt man **achsensymmetrisch**.
Legt man an die Symmetrieachse einen Spiegel, so erhält man auch zwei identische Hälften, deshalb nennt man die Symmetrieachse auch **Spiegelachse**.

Eigenschaften achsensymmetrischer Figuren:

- Verbindet man zwei gegenüberliegende Eckpunkte einer achsensymmetrischen Figur miteinander, so steht die Verbindungslinie senkrecht zur Symmetrieachse.
- Die beiden Eckpunkte haben außerdem den gleichen Abstand zur Symmetrieachse.

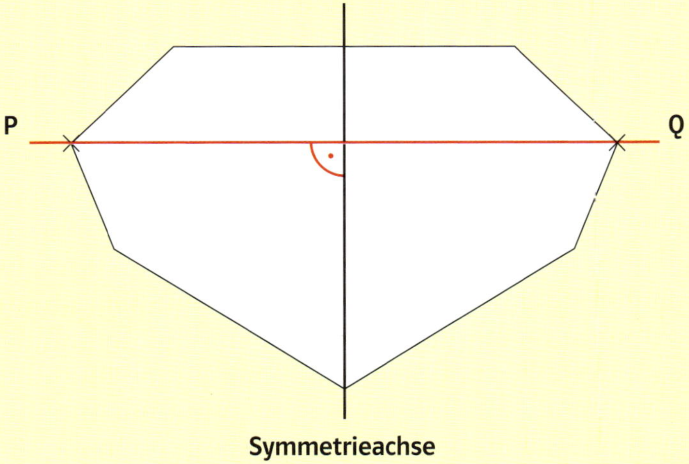

Zeichnen von achsensymmetrischen Figuren:

- Lege eine Symmetrie- bzw. Spiegelachse fest
- Bezeichne die Eckpunkte der Figur mit Namen, z. B. A.
- Zeichnen eine zur Symmetrieachse orthogonale Gerade durch den Eckpunkt A. Diese dient als Hilfslinie.
- Lege den Spiegelpunkt A´ so auf der Hilfslinie fest, dass er zur Symmetrieachse den gleichen Abstand hat, wie der Punkt A.
- Wiederhole das Verfahren für alle Eckpunkte.
- Am Schluss verbindest du die Spiegelpunkte in der richtigen Reihenfolge.

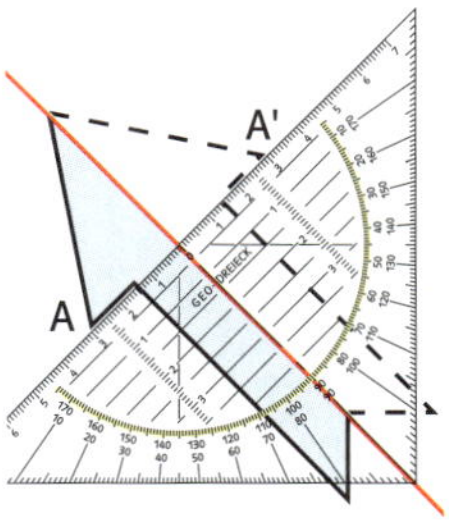

Manchmal kannst du eine achsensymmetrische Figur auch durch Kästchenzählen zeichnen.

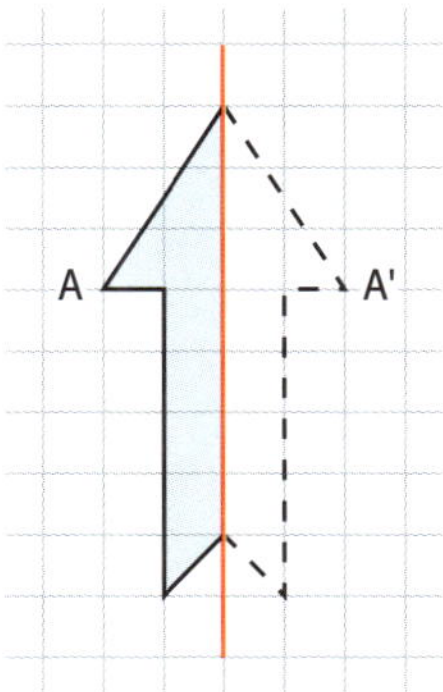

Wissen kurz gefasst ✓

Kannst du eine Figur durch eine Linie in zwei identische Figuren zerlegen, so nennt man die Figur achsensymmetrisch.
Die Linie nennt man Spiegelachse oder Symmetrieachse.

Betrachtest du diese Spielkarte, so erkennst du, dass sie nicht achsensymmetrisch ist. Dennoch besitzt sie eine Symmetrie, sie ist nämlich punktsymmetrisch. Woran kann man die Punktsymmetrie der Karte erkennen?

Verbindet man in einer Figur zwei entsprechende Punkte miteinander und schneiden sich diese Verbindungslinien alle in einem Punkt, so nennt man die Figur **punktsymmetrisch**.

Der Punkt, in dem sich alle Verbindungslinien schneiden, heißt **Symmetriezentrum Z**.

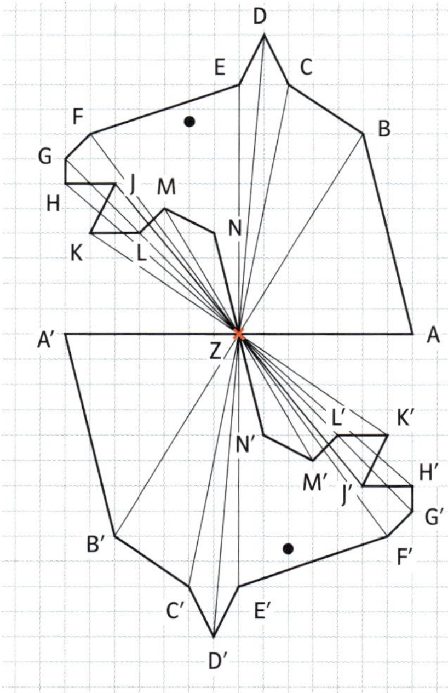

Eigenschaften einer punktsymmetrischen Figur:

- Die Verbindungslinien des Punktes mit dem Spiegelpunkt schneiden sich alle im Symmetriezentrum Z.
- Der Abstand vom Symmetriezentrum zum Punkt ist genauso groß wie der Abstand vom Symmetriezentrum zum Spiegelpunkt.

Zeichnen von Punktsymmetrischen Figuren:

- Zuerst legst du das Spiegelzentrum Z fest.
- Du verbindest den Eckpunkt A deiner Figur mit dem Spiegelzentrum Z und verlängerst diese Linie über den Punkt Z hinaus.
- Nun misst du die Länge der Strecke AZ und trägst diese Länge nochmals an Z an. Der Eckpunkt dieser Strecke ist A′.
- Wiederhole dieses Verfahren für alle Eckpunkte.
- Verbinde die Eckpunkte in der richtigen Reihenfolge.

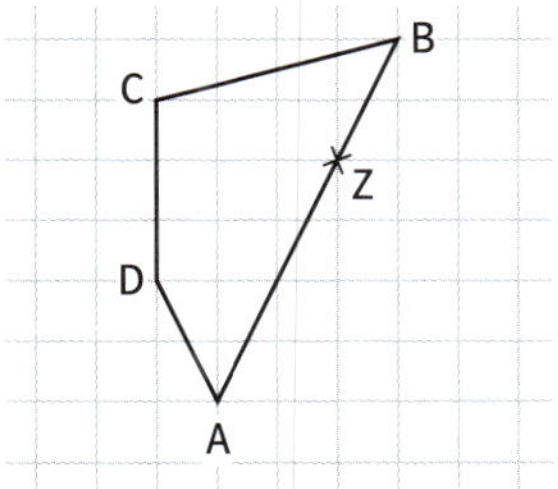

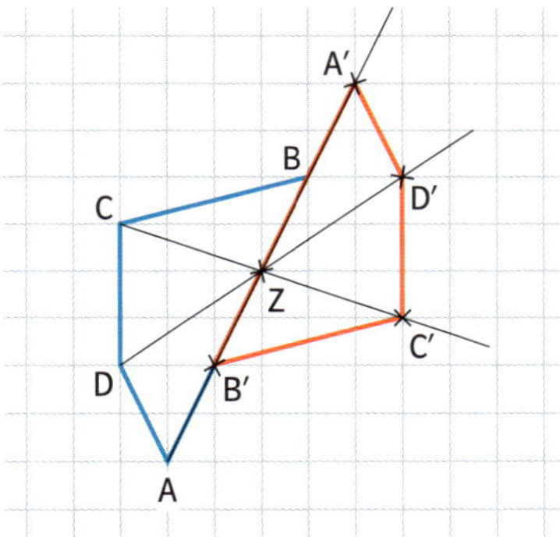

Im Gegensatz zu achsensymmetrischen Figuren, ist das Zeichnen von punktsymmetrischen Figuren durch Kästchenzählen nur sehr schwer möglich.

Wissen kurz gefasst ✓

Schneiden sich die Verbindungslinien der Eckpunkte mit den entsprechenden Spiegelpunkten alle in einem Punkt, so nennt man die Figur punktsymmetrisch.
Der Spiegelpunkt heißt Symmetriezentrum Z.
Z ist der Mittelpunkt der Verbindungslinien.

In unserem Alltag treffen wir häufig auf Flächen, z. B. die Tischplatte oder eine Seite deines Heftes.
In der Geometrie nennt man solche ebenen Flächen auch **Figuren**.
Jede Figur, die du mit einer geschlossenen Linie auf ein Blatt Papier zeichnen kannst, ist eine **Fläche**.
Auch Körper werden von Flächen begrenzt. Diese nennt man Oberflächen.
Außer den ebenen Flächen gibt es noch gekrümmte Flächen, wie z. B. die Erdoberfläche.

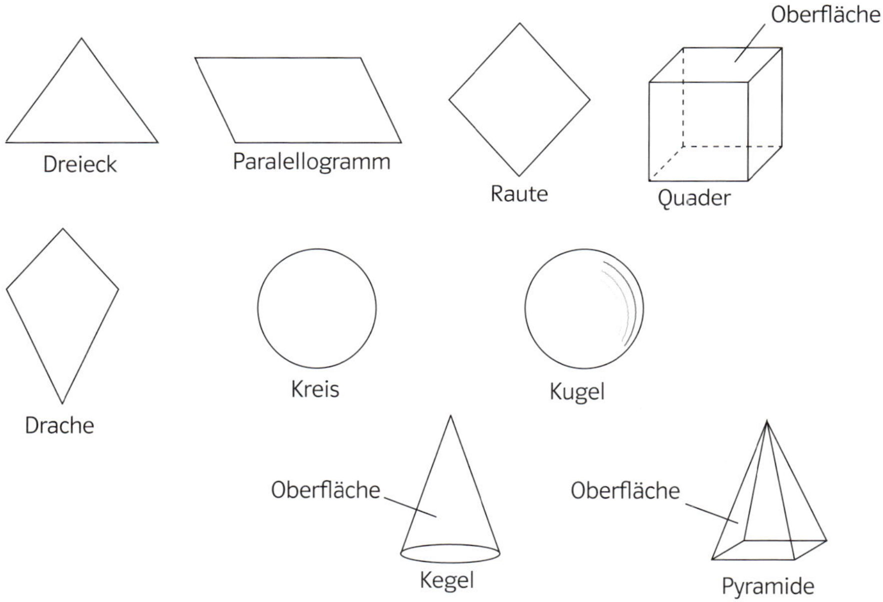

Jede Fläche, die durch Strecken begrenzt ist, bezeichnet man als **Figur** oder **Vieleck**. Die Strecken, die das Vieleck begrenzen, heißen Seiten.
Häufig auftretende Vielecke sind:
Dreieck: wird durch drei Seiten begrenzt und hat drei Eckpunkte.
Viereck: wird durch vier Seiten begrenzt und hat vier Eckpunkte.
Fünfeck: wird durch fünf Seiten begrenzt und hat fünf Eckpunkte.
Sechseck: wird durch sechs Seiten begrenzt und hat sechs Eckpunkte.

Bei Figuren verwendet man folgende Bezeichnungen:

- Eckpunkte werden mit großen Buchstaben gekennzeichnet.
- Seiten werden mit kleinen Buchstaben bezeichnet.
- Verbindet man gegenüberliegende Eckpunkte miteinander, so nennt man die entstehende Strecke Diagonale.
- Addiert man alle Seitenlängen miteinander, so erhält man den Umfang der Figur.

Beispiel

Zeichne ein Viereck mit folgenden Seitenlängen:
$\overline{AB} = 3\,cm$; $\overline{BC} = 4\,cm$; $\overline{CD} = 3\,cm$; $\overline{DA} = 4\,cm$
Zeichne die Diagonalen ein und miss ihre Länge.
Bestimme den Umfang des Vierecks.

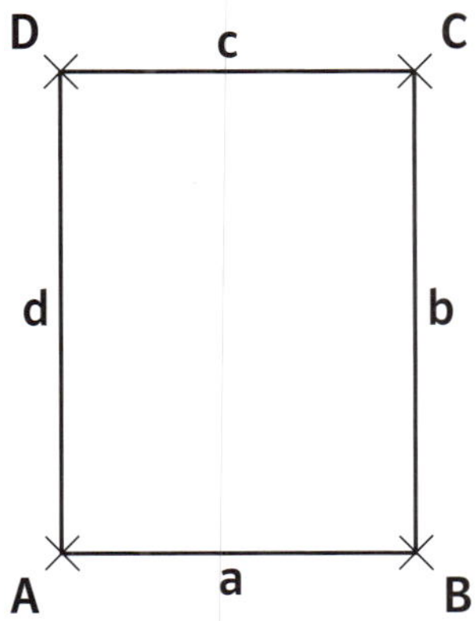

Diagonalen:
$\overline{BD} = 5\,cm$
$\overline{AC} = 5\,cm$

Umfang:
$u = a + b + c + d$
$= 3\,cm + 4\,cm + 3\,cm + 4\,cm$
$= 14\,cm$

Wissen kurz gefasst ✓

Jede Fläche mit einer geschlossenen Linie in der Ebene ist eine Figur.
Körper werden von solchen Flächen begrenzt, man nennt sie Oberflächen.

Eine Figur, die durch Strecken begrenzt wird, heißt Vieleck.
Verbindet man bei einem Vieleck gegenüberliegende Eckpunkte miteinander, so entstehen neue Strecken, die Diagonalen.
Addiert man alle Seiten eines Vielecks miteinander, so erhält man den Umfang des Vielecks.

In der Natur gibt es viele verschiedene Vierecke. Die im Alltag gebräuchlichen, hat man mit verschiedenen Namen versehen. Dazu gehören das Quadrat, Rechteck, Parallelogramm und die Raute.

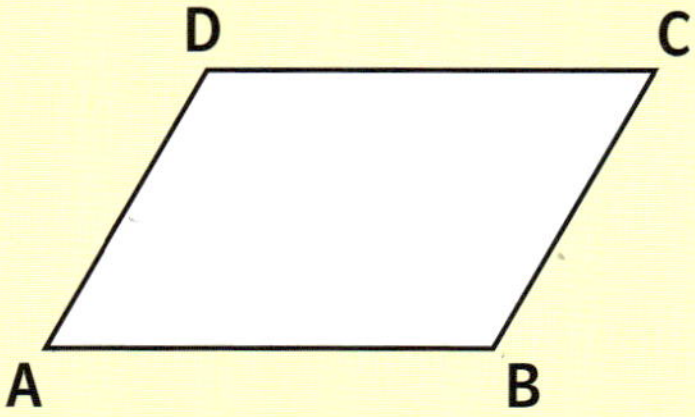

Parallelogramm:
Ein Parallelogramm erkennst du daran, dass gegenüberliegende Seiten parallel zueinander sind.

AB || CD
und
BC || AD

In einem Parallelogramm gilt außerdem: die gegenüberliegenden Seiten sind gleich lang, d.h. $\overline{AB} = \overline{CD}$ und $\overline{BC} = \overline{AD}$.

Rechteck:
Ein Rechteck ist ein besonderes Parallelogramm, denn hier muss zusätzlich gelten: benachbarte Seiten sind orthogonal zueinander.
= senkrecht

AB || CD
und
BC || AD
$AB \perp BC$
$BC \perp DC$
$DC \perp AD$
$AD \perp AB$

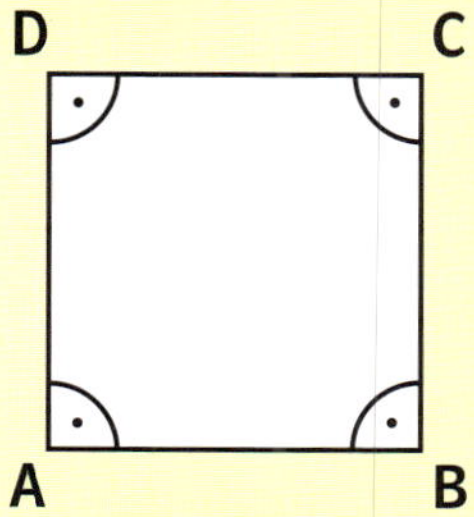

Quadrat:

Ein Quadrat ist ein besonderes Rechteck, da zusätzlich alle vier Seiten gleich lang sind.
Da jedes Rechteck ein Parallelogramm ist, ist auch jedes Quadrat ein Parallelogramm.

$\overline{AB} = \overline{BC} = \overline{CD} = \overline{AD}$

$AB \perp BC$
$BC \perp CD$
$CD \perp DA$
$DA \perp AB$

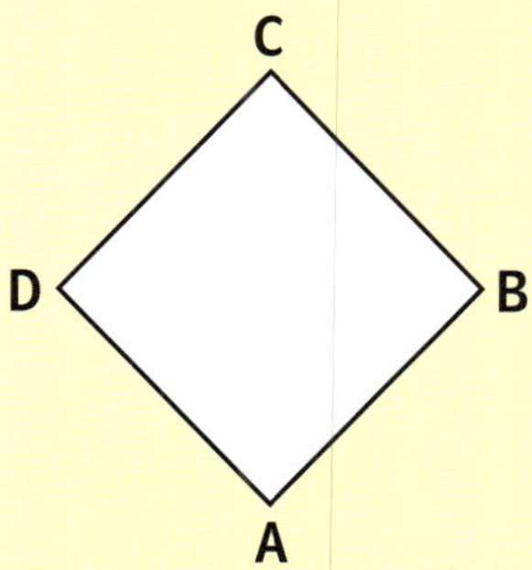

Raute:

Eine Raute ist ein besonderes Parallelogramm, es müssen zusätzlich alle vier Seiten gleich lang sein.

$AB \perp DC$
$CB \perp DA$
und
$\overline{AB} = \overline{BC} = \overline{CD} = \overline{DA}$

Da bei einer Raute benachbarte Seiten nicht orthogonal sein müssen, muss sie kein Quadrat sein. Ist dies jedoch der Fall, so ist sie auch ein Quadrat. Somit ist jedes Quadrat auch eine Raute.

Wissen kurz gefasst ✓

Ein Viereck mit vier gleich langen Seiten und rechten Winkeln zwischen benachbarten Seiten heißt Quadrat.
Ein Viereck bei dem gegenüberliegende Seiten parallel und gleich lang sind heißt Parallelogramm.
Ein Parallelogramm bei dem zusätzlich benachbarte Seiten orthogonal sind, heißt Rechteck.
Ein Parallelogramm mit vier gleich langen Seiten heißt Raute.

Um Flächen miteinander vergleichen zu können, hat man wie bei der Länge und den Gewichten Maßeinheiten eingeführt.
Zu jeder Längeneinheit gibt es eine zugehörige Flächeneinheit, z. B. zur Längeneinheit cm gehört die Flächeneinheit cm^2; zur Längeneinheit m die Flächeneinheit m^2 usw.

Um die Maßeinheit für Flächen zu beschreiben, greift man auf den Flächeninhalt von Quadraten zurück. Die Seiten von Quadraten können die Längeneinheiten mm, cm, dm, m, km haben.

Ein Quadrat mit der Seitenlänge 1 cm hat den Flächeninhalt 1 cm^2. Nun kann man den Flächeninhalt von anderen Flächen beschreiben, indem man sich überlegt, wie oft passt mein Quadrat mit 1 cm^2 in meine andere Fläche.
Hast du z. B. ein Quadrat mit der Seitenlänge von 1 dm. So hat dieses Quadrat einen Flächeninhalt von 100 cm^2, da dein Quadrat mit dem Flächeninhalt von 1 cm^2 100-mal hineinpasst.

Die folgende Tabelle gibt dir eine Übersicht über die verschiedenen **Flächeneinheiten**:

Seitenlänge des Quadrats	1 mm	1 cm	1 dm	1 m	10 m	100 m	1 km
Flächeneinheit	1 mm^2	1 cm^2	1 dm^2	1 m^2	1 a	1 ha	1 km^2
Name	Quadrat-milli-meter	Quadrat-zenti-meter	Quadrat-dezi-meter	Quadrat-meter	Ar	Hektar	Quadrat-kilometer
Beispiel	Steck-nadel-kopf	Finger-nagel	Hand-fläche	Tafel-flügel	Klassen-zimmer	Fußball-feld	Dorf

Beachte: Zwischen den Längeneinheiten m und km liegen bei Flächeneinheiten noch zwei weitere Einheiten, nämlich Ar und Hektar.

Wie bei den Längeneinheiten müssen die verschiedenen Längen zum Vergleichen in der gleichen Einheit angegeben sein. Das Gleiche gilt natürlich auch für Flächeneinheiten.

Umrechnen von Flächeneinheiten:
So wie ein Quadrat mit dem Flächeninhalt von $1\,\text{cm}^2$ 100-mal in ein Quadrat mit der Seitenlänge 10 cm hineinpasst, passt auch ein Quadrat mit dem Flächeninhalt von $1\,\text{dm}^2$ 100-mal in ein Quadrat mit der Seitenlänge von $1\,\text{m} = 10\,\text{dm}$.
Da $1\,\text{m}^2 = 1\,\text{m} \cdot 1\,\text{m} = 10\,\text{dm} \cdot 10\,\text{dm} = 100\,\text{dm}^2$ ist, ist die Umrechnungszahl bei Flächeneinheiten immer 100.

$1\,\text{km}^2 = 100\,\text{ha}$

$1\,\text{ha} = 100\,\text{a}$

$1\,\text{a} = 100\,\text{m}^2$

$1\,\text{m}^2 = 100\,\text{dm}^2$

$1\,\text{dm}^2 = 100\,\text{cm}^2$

$1\,\text{cm}^2 = 100\,\text{mm}^2$

Beispiel

a) $54\,\text{m}^2 = 5\,400\,\text{cm}^2 = 540\,000\,\text{mm}^2$
b) $0{,}089\,\text{km}^2 = 8{,}9\,\text{ha} = 890\,\text{a} = 89\,000\,\text{m}^2$

Wissen kurz gefasst ✓

Der Flächeninhalt gibt an, wie groß eine Fläche ist.
Um Flächen miteinander vergleichen zu können, braucht man einheitliche Maßeinheiten.
Flächeneinheiten sind: mm^2, cm^2, dm^2, m^2, a, ha, km^2
Die Umrechnungszahl bei Flächeneinheiten beträgt immer 100.

Flächeninhalt und Umfang eines Rechtecks

Wie du bereits weißt, sind bei einem Rechteck gegenüberliegende Seiten parallel und gleich lang. Um verschiedene Rechtecke miteinander vergleichen zu können, müssen wir ihren Flächeninhalt berechnen.
Auch der Umfang eine Figur kann im Alltag eine wichtige Rolle spielen.
Will man sein Grundstück mit einem Zaun umgeben, so muss man den Umfang seines Grundstückes kennen.

Flächeninhalt:

Um den **Flächeninhalt A eines Rechteckes** berechnen zu können, muss man zuerst die Seitenlängen des Rechtecks mit dem Geodreieck bestimmen. Es ist wichtig, dass die Seitenlängen die gleiche Längeneinheit haben.

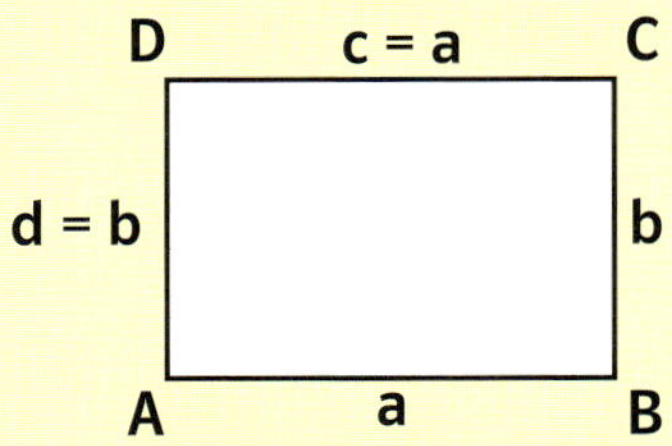

Den Flächeninhalt des Rechteckes erhält man nun, indem man die beiden Seitenlängen miteinander multipliziert.

$$A = a \cdot b$$

Umfang:

Um den **Umfang u eines Rechteckes** zu berechnen, misst man die Seitenlängen des Rechteckes a, b ,c ,d und addiert diese.
Da bei einem Rechteck die gegenüberliegenden Seiten immer gleich lang sind, gilt a = c und b = d. Somit folgt für den Umfang:

$$u = a + b + c + d = a + b + a + b = 2 \cdot a + 2 \cdot b$$

Ein besonderes Rechteck ist das Quadrat. Bei ihm sind alle vier Seiten gleich lang.
Somit gilt für den **Flächeninhalt eines Quadrats**:

$$\mathbf{A = a \cdot a}$$

Für den **Umfang u eines Quadrates** gilt:

$$\mathbf{u = a + a + a + a = 4 \cdot a}$$

Beispiel

Flächeninhalt:

a) $a = 3\,cm$; $b = 5\,cm$
   $A = a \cdot b = 3\,cm \cdot 5\,cm = 15\,cm^2$

b) $a = 6\,cm$
   $A = 6\,cm \cdot 6\,cm = 36\,cm^2$

Umfang:

a) $a = 12\,cm$; $b = 5\,cm$
   $u = 2 \cdot 12\,cm + 2 \cdot 5\,cm = 24\,cm + 10\,cm = 34\,cm$

b) $a = 7\,cm$
   $u = 4 \cdot 7\,cm = 28\,cm$

Wissen kurz gefasst ✓

Für ein Rechteck mit den Seitenlängen a, b gilt:

Flächeninhalt	$A = a \cdot b$
Umfang	$u = 2 \cdot a + 2 \cdot b$

Für ein Quadrat mit den Seitenlängen a gilt:

Flächeninhalt	$A = a \cdot a$
Umfang	$u = 4 \cdot a$

Leider sind Grundstücke oder andere Flächen nicht immer ein Rechteck. Häufiger sind viereckige Flächen, die ein Parallelogramm sind. Für den Umfang ist dies kein Problem. Wie sieht es jedoch mit dem Flächeninhalt aus?

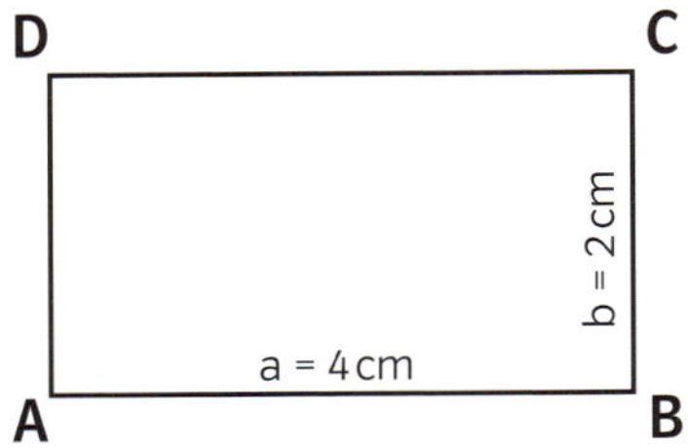

$A = a \cdot b = 8\,cm^2$

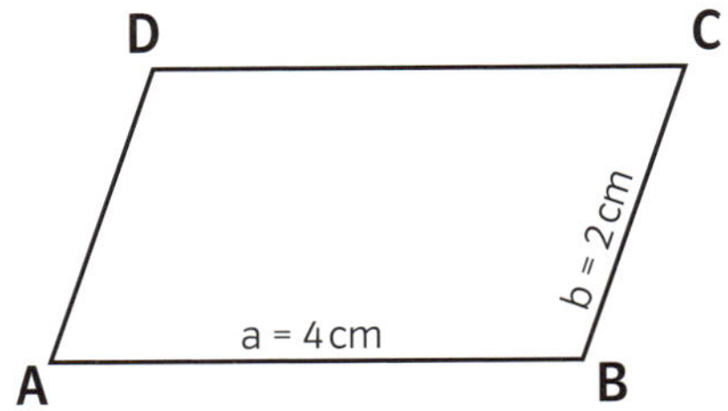

A = ?
Auf jeden Fall kleiner als beim Rechteck!

Flächeninhalt:

Um den **Flächeninhalt A eines Parallelogramms** berechnen zu können, musst du die Länge der Grundseite a und die Höhe h des Parallelogramms mit dem Geodreieck bestimmen. Es ist wichtig, dass die beiden Längen die gleiche Längeneinheit haben. Die Höhe h steht immer senkrecht auf der Grundseite.

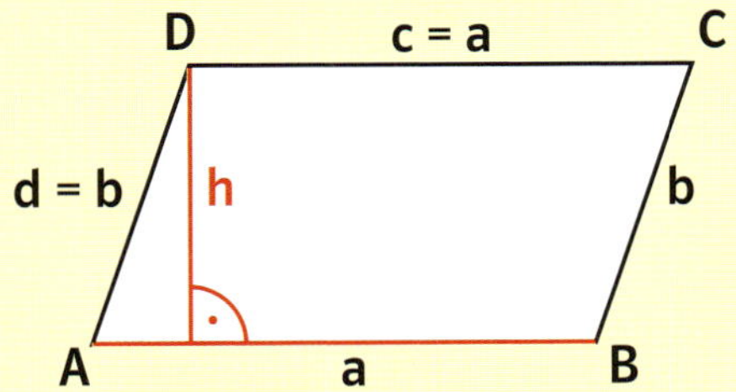

Der Flächeninhalt berechnet sich, indem man die Grundseite a mit der Höhe h multipliziert.

$$A = a \cdot h$$

Umfang:

Der Umfang berechnet sich wie beim Rechteck aus den Längen der vier Seiten:

$$u = 2a + 2b$$

Beispiel

a) $a = 42\,cm$; $b = 3{,}4\,dm$; $h = 250\,mm$
$A = 42\,cm \cdot 250\,mm = 42\,cm \cdot 25\,cm = 1050\,cm^2 = 10{,}5\,dm^2$
$u = 2 \cdot 42\,cm + 2 \cdot 3{,}4\,dm = 2 \cdot 42\,cm + 2 \cdot 34\,cm = 152\,cm = 15{,}2\,dm$

b) Welche Längenangaben brauchst du, um den Flächeninhalt und den Umfang zu berechnen?

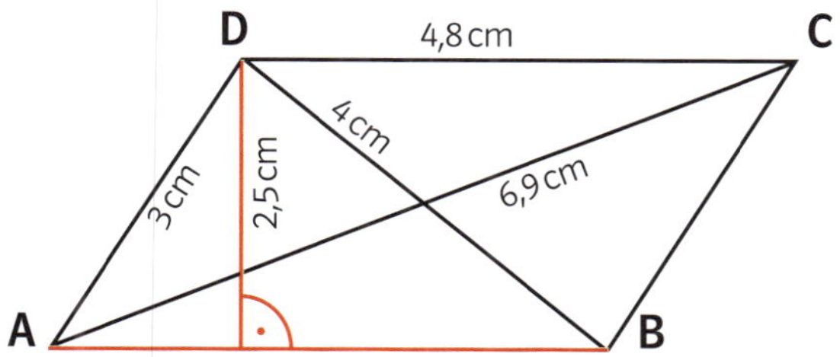

Für den Flächeninhalt: $a = 4{,}8\,cm$ und $h = 2{,}5\,cm$
$A = 4{,}8\,cm \cdot 2{,}5\,cm = 12\,cm^2$
Für den Umfang: $a = 4{,}8\,cm$ und $b = 3\,cm$
$u = 2 \cdot 4{,}8\,cm + 2 \cdot 3\,cm = 15{,}6\,cm$

Wissen kurz gefasst ✓

Für ein Parallelogramm mit den Seitenlängen a, b und der Höhe h gilt:
Flächeninhalt $A = a \cdot h$
Umfang $u = 2 \cdot a + 2 \cdot b$

Flächeninhalt:

Um den Flächeninhalt A eines Dreiecks berechnen zu können, musst du die Länge der Grundseite c und die Höhe h des Dreiecks mit dem Geodreieck bestimmen. Es ist wichtig, dass die beiden Längen die gleiche Längeneinheit haben. Die Höhe h steht immer senkrecht auf der Grundseite.

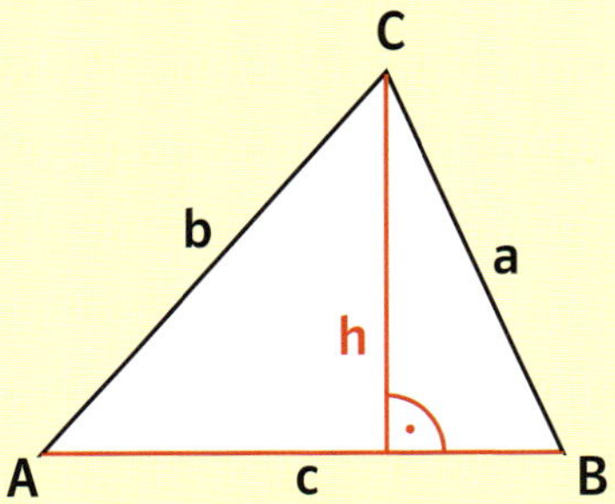

Der Flächeninhalt berechnet sich, indem man die Grundseite c mit der Höhe h multipliziert und das Ergebnis durch 2 dividiert.

$$A = \frac{1}{2} c \cdot h$$

Umfang:

Der Umfang berechnet sich aus den Längen der 3 Seiten:

$$u = a + b + c$$

Tipp

Vergleicht man ein Parallelogramm mit einem Dreieck, so erkennst du:
Ein Parallelogramm entsteht aus einem Dreieck, indem du das Dreieck am Mittelpunkt einer Seite spiegelst. Deshalb ist der Flächeninhalt eines Dreiecks halb so groß wie der des durch Spiegelung entstehenden Parallelogramms.

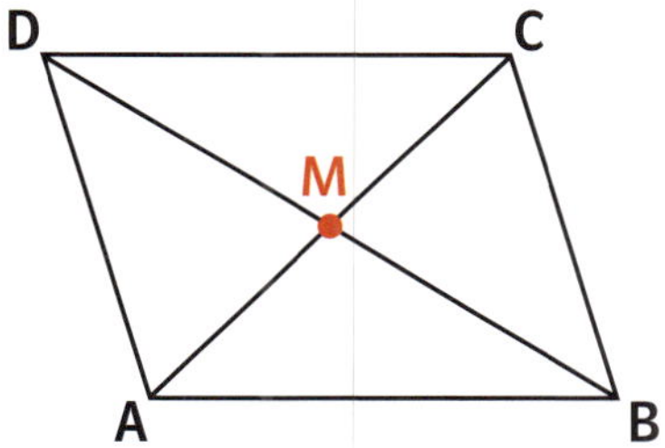

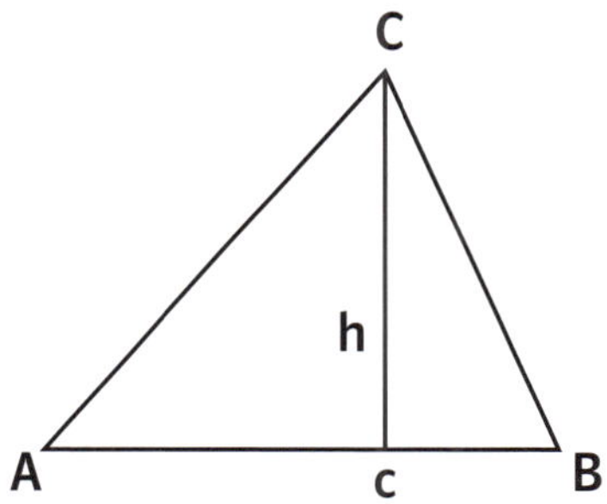

Beispiel

a = 2,4 cm; b = 37 mm; c = 4 cm; h = 22 mm

$A = \frac{1}{2} \cdot 4\,cm \cdot 22\,mm = \frac{1}{2} \cdot 40\,mm \cdot 22\,mm = 440\,mm^2 = 4{,}4\,cm^2$

$u = 2{,}4\,cm + 37\,mm + 4\,cm = 2{,}4\,cm + 3{,}7\,cm + 4\,cm = 10{,}1\,cm$

Wissen kurz gefasst

Für ein Dreieck mit den Seitenlängen a, b, c und der Höhe h gilt:
Flächeninhalt $A = \frac{1}{2} c \cdot h$
Umfang $u = a + b + c$

5 Körper

Da wir in einer dreidimensionalen Welt leben, haben wir es meistens mit Körpern zu tun. Diese Körper unterscheiden sich in ihrer Größe, Farbe, Gewicht usw. In der Geometrie kommt es jedoch nur auf die Form der Körper an.
Ein Körper ist ein dreidimensionaler Gegenstand, der durch Flächen begrenzt wird. Die Begrenzungsflächen, auch Oberflächen genannt, können eben oder gekrümmt sein.

Geometrische Grundkörper:

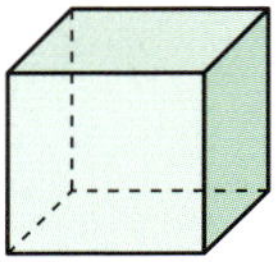
Würfel

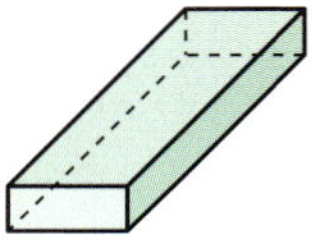
Quader

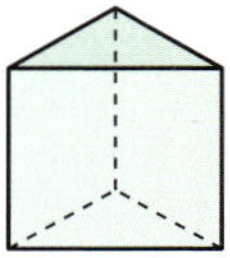
Prisma (dreieckige Grundfläche)

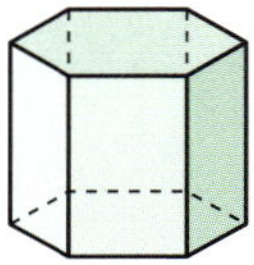
Prisma (sechseckige Grundfläche)

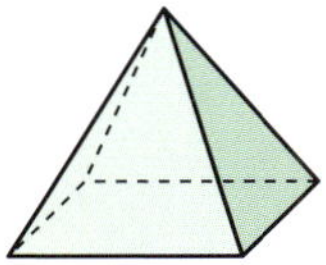
Pyramide

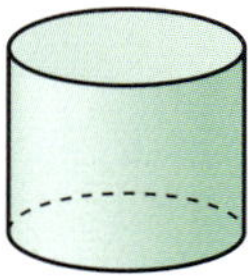
Zylinder

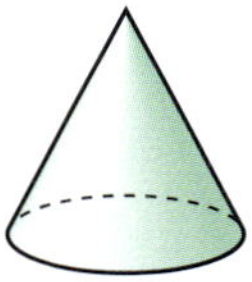
Kegel

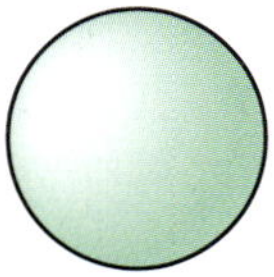
Kugel

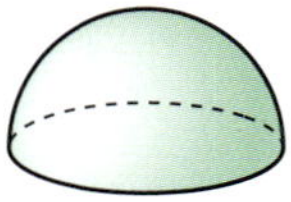
Halbkugel

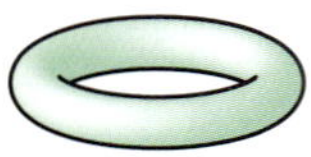
Ring

Die Stelle, an der zwei Flächen aufeinandertreffen, heißt Kante.
Die Stelle, an der mehrere Kanten aufeinandertreffen, nennt man Ecke.

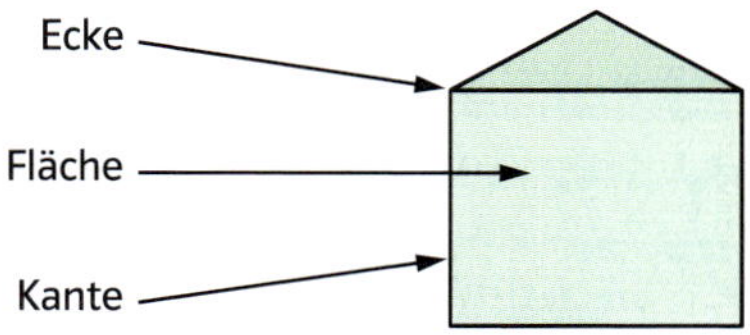

Körper

Kann man einen Körper entlang einer Kante aufschneiden und auf dem Tisch ausbreiten, so entsteht eine ebene Figur. Diese Figur nennt man das **Netz des Körpers.**

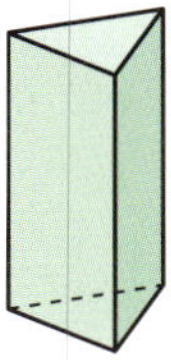

Prisma

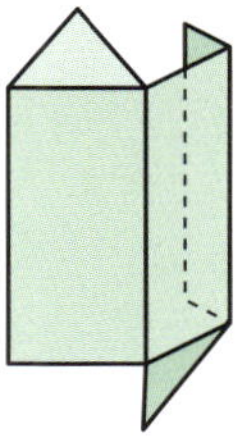

aufgeschnittenes Prisma

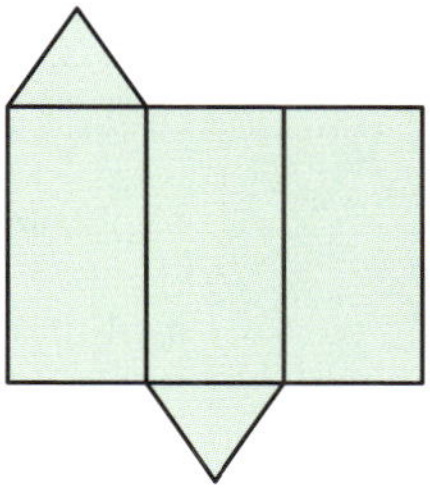

Netz des Prismas

Durch Zusammensetzen der verschiedenen geometrischen Grundkörper kannst du neue Körper bilden.

Beispiel

a) Aus welchen Grundkörper setzt sich das Haus zusammen?

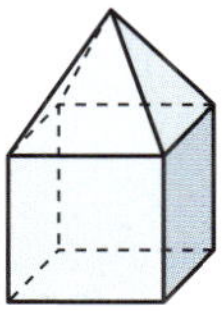

Das Haus setzt sich zusammen aus einem Quader mit quadratischer Grundfläche und einer Pyramide.

b) Aus welchen Grundkörpern setzt sich die Tasse zusammen?

Die Tasse besteht aus zwei Zylindern und einem Ring als Henkel.

Wissen kurz gefasst ✓

Ein Körper ist dreidimensional und wird durch Flächen begrenzt.
Treffen zwei Flächen aufeinander, so entsteht eine Kante.
Treffen mehrere Kanten aufeinander, so entsteht eine Ecke.
Kann man einen Körper aufschneiden und auf einem Tisch ausbreiten, so entsteht ein Netz des Körper.

Ein **Quader** ist ein Körper, der durch sechs Rechtecke begrenzt wird.
Er ist durch **Länge, Breite und Höhe** eindeutig bestimmt.

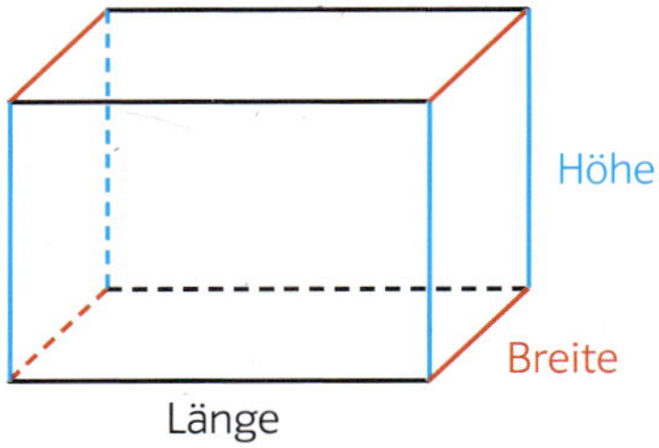

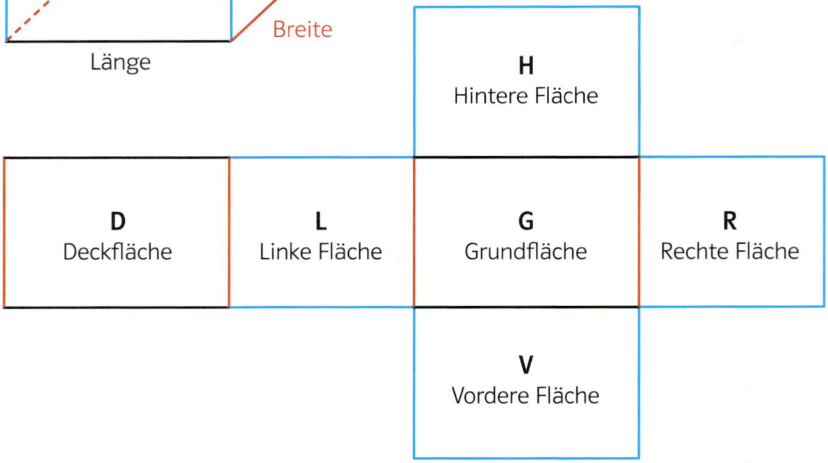

Eigenschaften eines Quaders:

- Ein Quader hat acht Ecken
- Ein Quader hat zwölf Kanten.
  Jeweils vier Kanten sind parallel zueinander. Diese parallelen Kanten sind alle gleichlang.
  Benachbarte Kanten sind orthogonal zueinander.
- Ein Quader wird durch 6 Rechtecke begrenzt.
  Gegenüberliegende Rechtecke sind gleich groß (siehe Netz des Quaders).

Ein Spezialfall eines Quaders ist der **Würfel**.
Er wird von sechs quadratischen Flächen begrenzt.

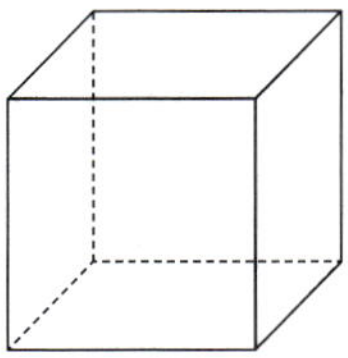

Einen gezeichneten Körper kann man sich am besten vorstellen, wenn man ihn als **Schrägbild** zeichnet.

Zeichnen eines Schrägbildes:

- Du beginnst mit der Vorderseite deines Quaders. Diese wird in der wahren Größe gezeichnet.
- Als nächstes zeichnest du die nach hinten laufenden Kanten, also die Breite deines Quaders. Damit die Zeichnung echter aussieht, zeichnet man diese Kanten schräg nach hinten laufend und verkürzt. Man verwendet dabei für 1 cm Seitenlänge eine Kästchendiagonale. Die nach hinten laufenden Kanten, die man nicht sieht, werden gestrichelt gezeichnet.
- Verbindest du nun die Endpunkte deiner nach hinten laufenden Kanten miteinander, entsteht dabei die Rückseite deines Quaders. Auch hier zeichnest du die nicht sichtbaren Kanten gestrichelt.

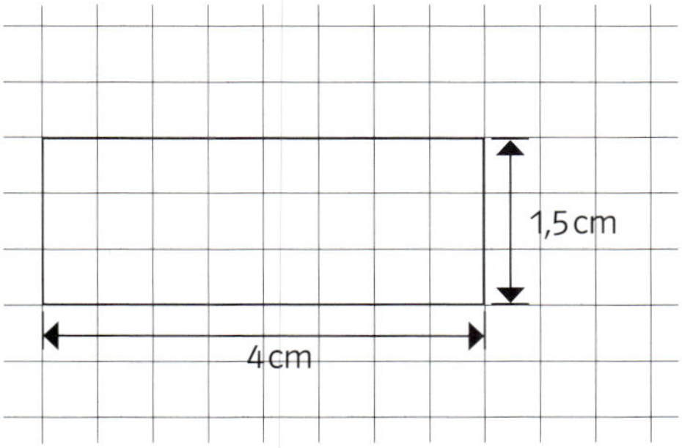

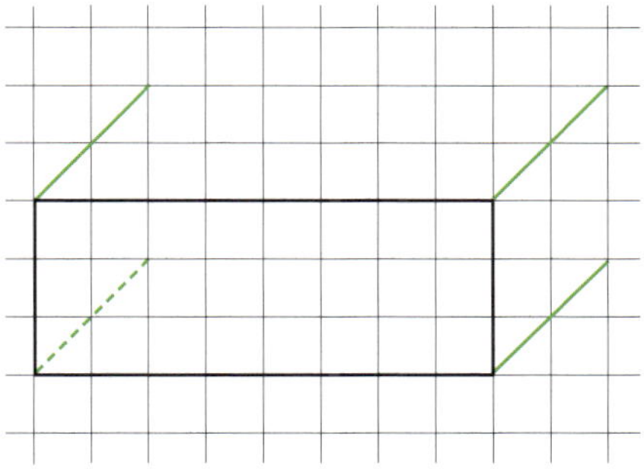

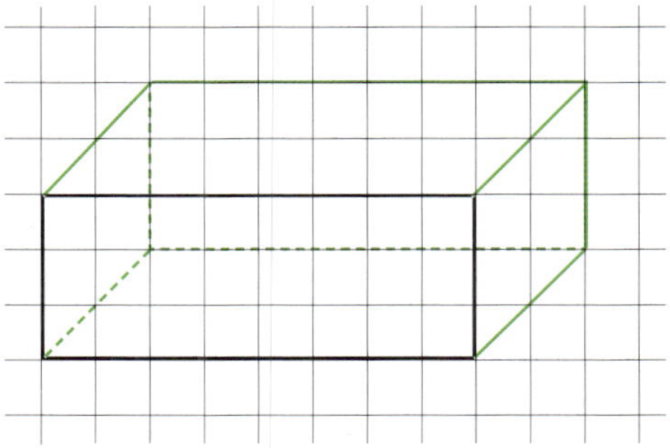

Wissen kurz gefasst ✓

Ein Quader ist ein geometrischer Körper mit acht Eckpunkten, 12 Kanten und sechs rechteckigen Flächen.
Ein Würfel ist ein Spezialfall eines Quaders. Er besteht aus sechs quadratischen Flächen.
Zur räumlichen Darstellung eines Quaders zeichnet man ein Schrägbild.

Um zwei Körper miteinander zu vergleichen, muss man den Rauminhalt bzw. das Volumen der beiden Körper kennen.
Eine Möglichkeit ist, den einen Körper mit Wasser zu füllen, und durch Umfüllen festzustellen, ob genauso viel Wasser hineinpasst.

Das **Volumen** oder **Rauminhalt** beschreibt das Fassungsvermögen eines Körpers.

Um das Volumen eines Köpers zu beschreiben, greift man auf den Rauminhalt von Würfeln zurück. Hat ein Würfel eine Kantenlänge von 1 cm, so hat er ein Volumen von $1\,cm^3$ (Kubikzentimeter).

Der **Rauminhalt V eines Quaders** wird folgendermaßen berechnet:

$$V = a \cdot b \cdot c$$

Wobei a die Länge, b die Breite und c die Höhe des Quaders ist.
Da bei einem Würfel alle Kanten gleich lang sind gilt hier: $V = a \cdot a \cdot a$.

Will man nun das Volumen anderer Körper bestimmen, so schaut man, wie oft der Würfel mit $1\,cm^3$ in den Körper hineinpasst.
In einen Quader mit der Seitenlänge 10 cm = 1 dm passen 1000 Würfel mit dem Rauminhalt $1\,cm^3$.
Also gilt: $V = 1\,dm \cdot 1\,dm \cdot 1\,dm = 10\,cm \cdot 10\,cm \cdot 10\,cm = 1000\,cm^3 = 1\,dm^3$

Die folgende Tabelle gibt dir eine Übersicht über die verschiedenen **Volumeneinheiten**:

Kantenlänge des Würfels	1 mm	1 cm	1 dm	1 m
Volumeneinheit	$1\,mm^3$	$1\,cm^3$	$1\,dm^3$ oder 1 l	$1\,m^3$
Name	Kubikmillimeter	Kubikzentimeter	Kubikdezimeter oder Liter	Kubikmeter
Beispiel	Laus	1 Würfelzucker	Milchtüte	Kühlschrank

Wie bei Längen- und Flächeneinheiten, müssen die Rauminhalte in der gleichen Einheit angegeben sein, wenn man sie vergleichen will.

Umrechnen von Volumeneinheiten:
So wie ein Würfel mit einem Volumen von $1\,cm^3$ 1000-mal in einen Würfel mit der Seitenlänge 10 cm hineinpasst, passt auch ein Würfel mit dem Volumen von $1\,dm^3$ 1000-mal in einen Würfel mit der Seitenlänge von 1 m.
Da $1\,m^3 = 1\,m \cdot 1\,m \cdot 1\,m = 10\,dm \cdot 10\,dm \cdot 10\,dm = 1000\,dm^2 = 1\,m^3$ ist, ist die Umrechnungszahl bei Flächeneinheiten immer 1000.

$1\,m^3 = 1000\,dm^3$
$1\,dm^3 = 1000\,cm^3$
$1\,cm^3 = 1000\,mm^3$

$1\,l = 1\,dm^3 = 1000\,cm^3 = 1000\,ml$
$1\,cm^3 = 1\,ml$

Beispiel

a) $5\,m^3 = 5\,000\,dm^3$
b) $350\,dm^3 = 0{,}35\,m^3$
c) $0{,}754\,m^3 = 754\,dm^3 = 754\,000\,cm^3$

Wissen kurz gefasst ✓

Das Volumen bzw. der Rauminhalt gibt an, wie groß das Fassungsvermögen eines Körpers ist
Volumeneinheiten sind: mm^3, cm^3, dm^3, m^3.
Die Umrechnungszahl bei Volumeneinheiten beträgt immer 1000.

Unser bisheriger Zahlenbereich reicht für den alltäglichen Gebrauch nicht aus. Wir brauchen z. B. andere Zahlen, um Temperaturen unter 0 °C ausdrücken zu können. Diese Zahlen heißen negative Zahlen.
Erweitern wir unseren Zahlenstrahl um den Bereich links von der Null zu einer **Zahlengeraden**, so erhalten wir die **negativen Zahlen**.
Diese Zahlen unter Null schreibt man mit einem Minuszeichen, z. B. −5.
Dieses Minuszeichen ist kein Rechenzeichen, sondern ein **Vorzeichen**.
Zahlen mit einem Pluszeichen davor, z. B. +7 heißen **positive Zahlen**.
Die Null ist weder positiv noch negativ.
Erweitert man die natürlichen Zahlen (0, 1, 2, 3, …) um die negativen Zahlen (−1, −2, −3, …), so erhält man einen neuen Zahlenbereich, die **ganzen Zahlen**.

„Zahlen unter 0" **„Zahlen über 0"**

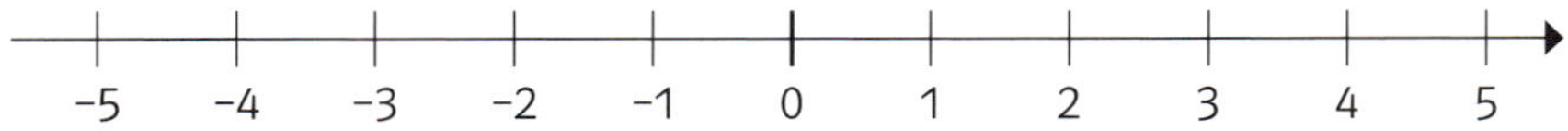

Negative Zahlen stehen links von der 0. Sie haben das Vorzeichen −.

Positive Zahlen stehen rechts vor der 0. Sie haben das Vorzeichen +.

Die Zahl, die auf einer Zahlengeraden weiter links liegt, ist kleiner, z. B. −7 ist kleiner als −5.

Tipp

Auch unser Koordinatensystem kann auf diese Weise erweitert werden. Dazu verlängert man die x-Achse links von der Null und die y-Achse unterhalb der Null.

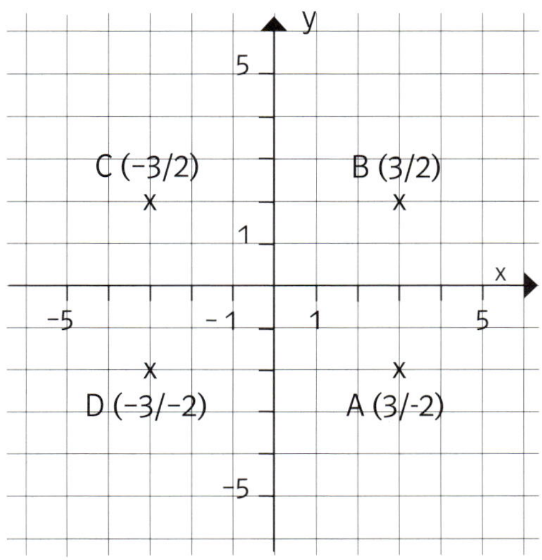

Zu jeder positiven Zahl gibt es die negative **Gegenzahl**, d.h. zur Zahl +7 gibt es die Gegenzahl −7.
Genauso existiert zu jeder negativen Zahl eine positive Gegenzahl, d.h. zur Zahl −9 heißt die Gegenzahl +9.

Zahl und Gegenzahl haben jeweils den gleichen Abstand zu null. Dieser Abstand zur Zahl Null heißt **Betrag** der Zahl.

Beispiel

a) Ordne folgende Zahlen nach ihrer Größe:
   −89; +65; −112; 0; +89; +5
   $-112 < -89 < 0 < 5 < 65 < 89$

b) Welche Zahlen haben den Betrag 17?
   +17 und −17

c) Wie heißt die Gegenzahl von −25?
   +25

d) Welche Aussage ist richtig?
   $-63 < 15$ oder $15 < -63$

   Die erste Aussage ist richtig: $-63 < 15$

Wissen kurz gefasst

Negative Zahlen entstehen, indem man einen Zahlenstrahl nach links zu einer Zahlengeraden erweitert.
Der Abstand einer Zahl zu null heißt Betrag der Zahl.
Zu jeder Zahl existiert eine Zahl mit umgekehrtem Vorzeichen, sie heißt Gegenzahl.

Wie man zwei positive Zahlen miteinander addiert oder voneinander subtrahiert, wissen wir bereits. Wie verhält es sich jedoch, wenn wir eine positive und eine negative Zahl haben oder zwei positive Zahlen?

Addieren einer positiven Zahl:
Um zu einer negativen Zahl eine positive Zahl zu addieren, bewegen wir uns von der negativen Zahl aus um die positive Zahl nach rechts (Fig. 1). Dabei kann es vorkommen, dass die Null überschritten wird (Fig. 2).

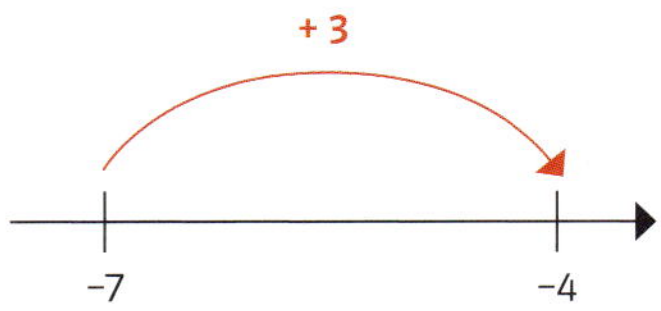

$-7 + 3 = -4$

Fig. 1

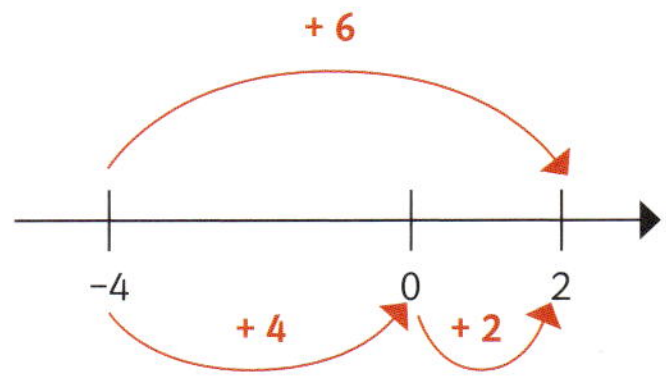

$-4 + 6 = 2$

Fig. 2

Subtrahieren einer positiven Zahl:
Um von einer negativen Zahl eine positive Zahl zu subtrahieren, bewegen wir uns auf der Zahlengeraden um die positive Zahl nach links. Die dabei entstehende Zahl ist wieder negativ (Fig. 3).
Sind beide Zahlen positiv, so kann das Ergebnis dennoch negativ sein. Dies ist der Fall, wenn der Subtrahend größer ist als der Minuend (Fig. 4).

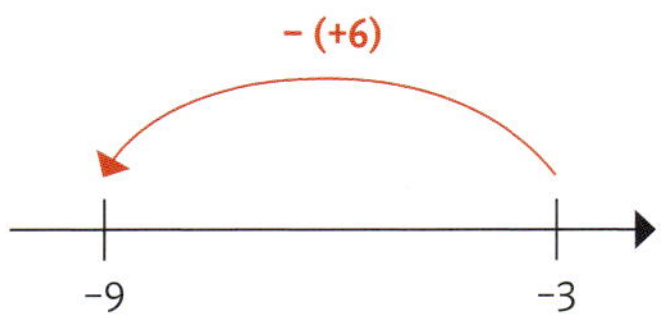

$-3 - (+6) = -3 - 6 = -9$

Fig. 3

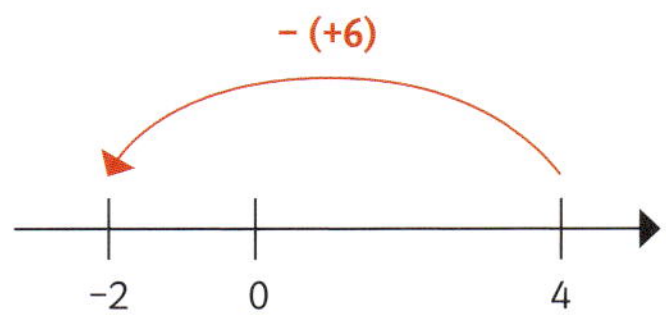

$4 - (+6) = 4 - 6 = -2$

Fig. 4

Addieren einer negativen Zahl:
Um zu einer Zahl eine negative Zahl zu addieren, bewegt man sich auf der Zahlengeraden nach links (Fig. 5 und Fig. 6).

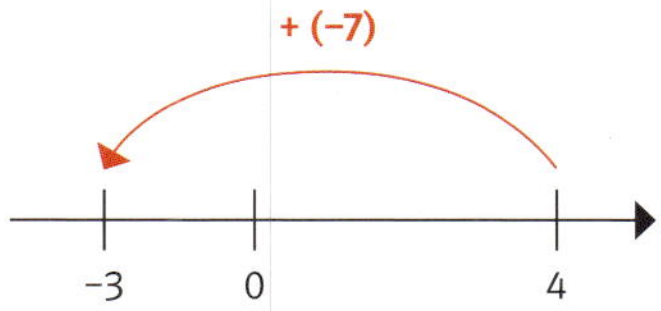

$+4 + (-7) = 4 - 7 = -3$

Fig. 5

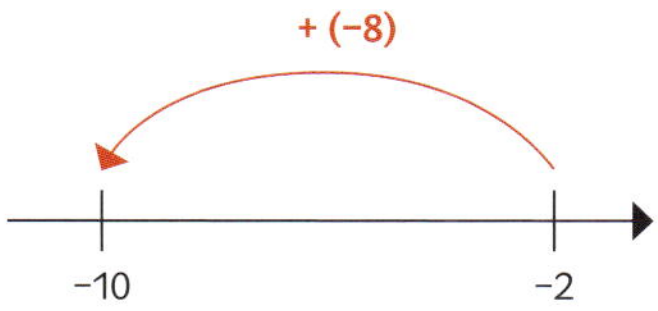

$-2 + (-8) = -2 - 8 = -10$

Fig. 6

Vergleicht man die Figuren 5 und 6 mit den Figuren 3 und 4 so erkennt man: Addieren einer negativen Zahl zu einer Zahl entspricht dem Subtrahieren einer positiven von einer Zahl, also dem Subtrahieren der Gegenzahl.

Subtrahieren einer negativen Zahl:
Um von einer Zahl eine negative Zahl zu subtrahieren, bewegt man sich auf der Zahlengeraden nach rechts (Fig. 7 und Fig. 8).

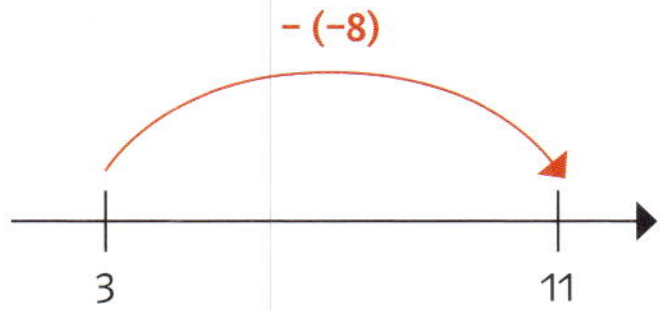

$3 - (-8) = 3 + 8 = 11$

Fig. 7

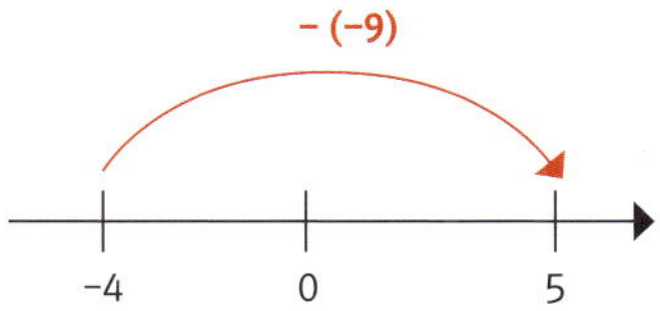

$-4 - (-9) = -4 + 9 = -5$

Fig. 8

Vergleicht man die Figuren 7 und 8 mit den Figuren 1 und 2, so erkennt man: Subtrahieren einer negativen Zahl von einer Zahl entspricht dem Addieren einer positiven Zahl, also dem Addieren der Gegenzahl.

Wissen kurz gefasst ✓

Addieren einer negativen Zahl ist dasselbe wie das Subtrahieren der Gegenzahl.
Subtrahieren einer negativen Zahl ist dasselbe wie das Addieren der Gegenzahl.

Außer dem Addieren und Subtrahieren von Zahlen spielt auch die Multiplikation und Division eine entscheidende Rolle im Alltag. Bei der Multiplikation und Division von ganzen Zahlen gibt es wichtige Regeln zu beachten.

Multiplikation von ganzen Zahlen:
Multipliziert man zwei positive Zahlen, so ist das Produkt auch positiv.
Beispiel: $5 \cdot 3 = 15$

Multipliziert man zwei negative Zahlen, so ist ihr Produkt positiv.
Beispiel: $(-5) \cdot (-3) = 15$

Multipliziert man zwei Zahlen mit unterschiedlichem Vorzeichen, so ist das Produkt negativ.
Beispiel: $(-5) \cdot 3 = 5 \cdot (-3) = -15$

Division von zwei ganzen Zahlen:
Dividiert man zwei positive Zahlen, so ist ihr Quotient positiv.
Beispiel: $9 : 3 = 3$

Dividiert man zwei negative Zahlen, so ist der Quotient positiv.
Beispiel: $(-9) : (-3) = 3$

Dividiert man zwei Zahlen mit unterschiedlichem Vorzeichen, so ist der Quotient negativ.
Beispiel: $(-9) : 3 = 9 : (-3) = -3$

Wieso ist das Produkt einer positiven und einer negativen Zahl immer negativ? Der Beweis ist einfach und einleuchtend.

Wir wissen: $3 + 3 = 2 \cdot 3 = 6$.
Genauso verhält es sich auch, wenn eine Zahl positiv und die andere negativ ist: $-3 + (-3) = 2 \cdot (-3) = -6$

Ein ebenso einfacher Beweis zeigt, dass das Produkt zweier negativer Zahlen positiv ist.

Dazu setzen wir die uns bekannt Fünferreihe fort:
$2 \cdot (-5) = -10$
$1 \cdot (-5) = -5$
$0 \cdot (-5) = 0$
$-1 \cdot (-5) = +5$
$-2 \cdot (-5) = 10$

Beispiel

a) $11 \cdot (-5) = -55$
b) $-6 \cdot (-3) = 18$
c) $-96 : 3 = -32$
d) $75 : (-5) = -15$
e) $-63 : (-9) = 7$

Wissen kurz gefasst ✓

Für die Vorzeichen einer Zahl gilt:

• Plus mal plus ergibt plus	$+ \cdot + = +$
• Minus mal minus ergibt plus	$- \cdot - = +$
• Plus mal minus ergibt minus	$+ \cdot - = -$
• Minus mal plus ergibt minus	$- \cdot + = -$
• Plus geteilt durch plus ergibt plus	$+ : + = +$
• Minus geteilt durch minus ergibt plus	$- : - = +$
• Minus geteilt durch plus ergibt minus	$- : + = -$
• Plus geteilt durch minus ergibt minus.	$+ : - = -$

Wie so oft in der Mathematik kommen die Grundrechenarten nicht nur alleine vor, sondern in Verbindung miteinander. Dabei müssen wir auf Regeln achten.

Bei der Berechnung von Termen mit ganzen Zahlen gelten die gleichen **Regeln** wie bei den natürlichen Zahlen.

- Klammern werden zuerst berechnet, dabei gilt innere Klammern zuerst, dann die äußeren Klammern
- Punktrechnung erfolgt vor Strichrechnung.

Beachte:
Will man bei der Addition oder Subtraktion die Reihenfolge der Zahlen vertauschen, so muss man die Vorzeichen (Plus- und Minuszeichen) vor jeder Zahl mitnehmen.

$$-16 + 12 = +12 - 16$$

oder

$$+16 - 12 = -12 + 16$$

Beispiel

a) $-18 + 60 - (24 - 10) =$
$-18 + 60 - (14) =$
$+42 - 14 =$
28

b) $(-13 + 28) - 49 + 25 - (18 - 27) =$
$15 - 49 + 25 - (-11) =$
$-34 + 25 + 11 =$
$-9 + 11 =$
2

c) $(24 - 42) \cdot (-3 - 2) =$
$-18 \cdot (-5) =$
$+90$

d) $-120 : (-27 - 33) + 11 =$
$-120 : (-60) + 11 =$
$2 + 11 =$
13

e) $(-21 + 6 \cdot (-7)) : (-9) =$
$(-21 + (-42)) : (-9) =$
$-63 : (-9) =$
7

Wissen kurz gefasst ✓

Bei Rechenausdrücken mit negativen Zahlen gilt:
- Klammern zuerst berechnen, dabei von innen nach außen arbeiten.
- Punktrechnung vor Strichrechnung.

Beim Vertauschen der Reihenfolge von Zahlen, muss man die Vorzeichen vor jeder Zahl mitnehmen.

Aus unserem Alltag wissen wir, dass Größen nicht nur als ganze Zahlen auftauchen. So sagen viele Schüler nicht: „Die Schule beginnt um 7.45 Uhr", sondern „Die Schule beginnt um viertel vor acht."
Auch Größen wie Längen oder Gewichte werden oft als Anteile einer Maßeinheit angegeben, z. B. $\frac{1}{2}$ von 1 km ist $\frac{1}{2}$ km oder $\frac{3}{4}$ von 1 kg ist $\frac{3}{4}$ kg.

Um **Anteile eines Ganzen** zu beschreiben, benutzt man Brüche, z. B. $\frac{1}{2}$; $\frac{2}{7}$; $\frac{3}{11}$; ...
Die Zahl oberhalb des Striches heißt **Zähler**, die Zahl unterhalb des Striches heißt **Nenner** des Bruches.

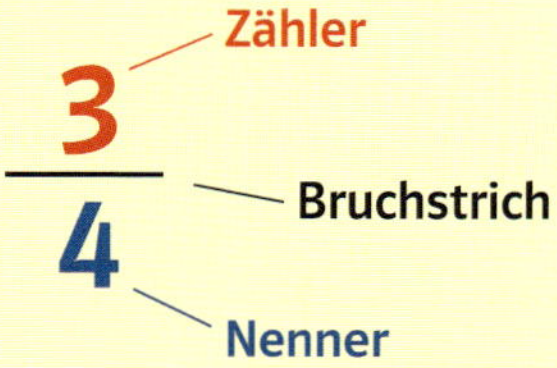

Bestimmen von Anteilen:
Ein Kuchen soll auf 4 Kinder verteilt werden, jedes Kind erhält **ein Viertel des Kuchens** ($\frac{1}{4}$ des Kuchens).
Teilt man den Kuchen auf 8 Kinder auf, so erhält jedes Kind **ein Achtel des Kuchens** ($\frac{1}{8}$ des Kuchens).

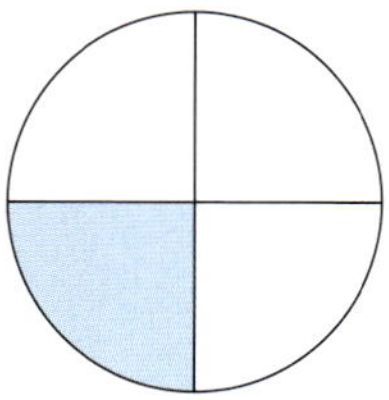

$\frac{1}{4}$ des Kuchens

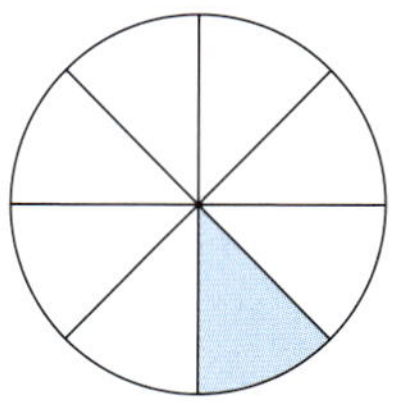

$\frac{1}{8}$ des Kuchens

Wenn nur drei der vier bzw. acht Kinder ihr Kuchenstück essen, so fehlt im einen Fall $\frac{3}{4}$ des Kuchens, im anderen Fall $\frac{3}{8}$ des Kuchens.

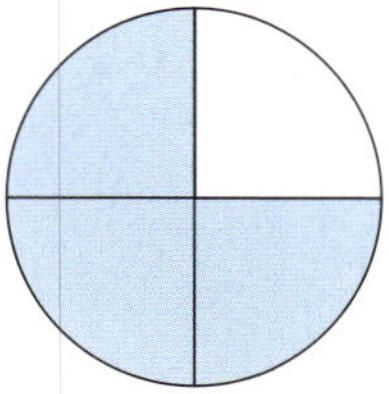

$\frac{3}{4}$ des Kuchens

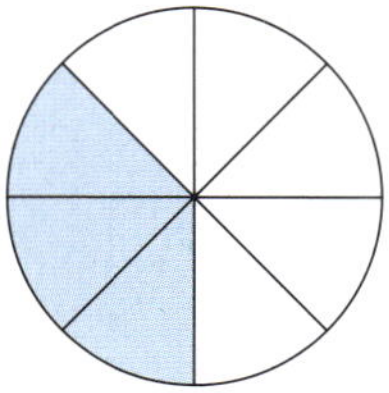

$\frac{3}{8}$ des Kuchens

Berechnen von Bruchteilen:

Wie viel ist:

a) $\frac{1}{4}$ m

Dazu teilt man 1 Meter in vier gleich lange Teile.
Ein Teil davon ist nun ein Viertel des ganzen Meters.
Da 1 m = 100 cm ist $\frac{1}{4}$ m = $\frac{100}{4}$ cm = 25 cm

b) $\frac{3}{10}$ kg

Dazu teilt man 1 Kilogramm in zehn gleich schwere Teile.
Dann nimmt man drei von diesen zehn Teilen.
Da 1 kg = 1000 g ist $\frac{1}{10}$ kg = $\frac{1000}{10}$ g = 100 g und $\frac{3}{10}$ kg = $3 \cdot 100$ g = 300 g.

Wissen kurz gefasst ✓

Brüche beschreiben den Anteil an einem Ganzen.
Die untere Zahl heißt Nenner, sie gibt an, in wie viele gleich große Teile das Ganze zerlegt wird.
Die obere Zahl heißt Zähler, sie gibt an, wie viele von den gleich großen Teilen genommen werden sollen.

Verschiedene Brüche können den gleichen Anteil an einem Ganzen darstellen.

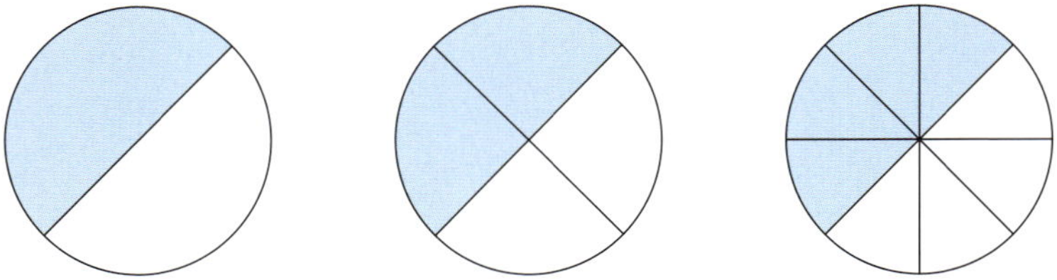

$\frac{1}{2} = \frac{2}{4} = \frac{4}{8}$

Wie wird aus dem Bruch $\frac{1}{2}$ der Bruch $\frac{4}{8}$?

Multipliziert man den Zähler und den Nenner eines Bruches mit der gleichen Zahl, so sagt man der Bruch wurde **erweitert**.

Beispiel: $\frac{1}{2} = \frac{1 \cdot 4}{2 \cdot 4} = \frac{4}{8}$

Dividiert man den Zähler und den Nenner durch die gleiche Zahl, so sagt man der Bruch wurde **gekürzt**.

Beispiel: $\frac{4}{8} = \frac{4 : 4}{8 : 8} = \frac{1}{2}$

Wird ein Bruch erweitert oder gekürzt, so haben der ursprüngliche und der entstandene Bruch denselben Wert.

- Jeder Bruch kann mit einer beliebigen natürlichen Zahl erweitert werden.
- Einen Bruch kann man nur durch eine Zahl dividieren, mit der man den Nenner und Zähler ohne Rest dividieren kann.
  Man nennt diese Zahl auch den **gemeinsamen Teiler** von Zähler und Nenner.

Beispiel

Erweitern und Kürzen von Brüchen:

a) Erweitere den Bruch $\frac{5}{9}$ mit der Zahl 7

$$\frac{5}{9} = \frac{5 \cdot 7}{9 \cdot 7} = \frac{35}{63}$$

b) Kürze den Bruch $\frac{48}{56}$ mit der Zahl 8

$$\frac{48}{56} = \frac{48 : 8}{56 : 8} = \frac{6}{7}$$

Brüche mit unterschiedlichen Nennern schreiben:

c) Schreibe den Bruch $\frac{4}{7}$ mit dem Nenner 35.

$$\frac{4}{7} = \frac{4 \cdot 5}{7 \cdot 5} = \frac{20}{35}$$

d) Sind die Brüche gleich groß?

$\frac{5}{9}$ und $\frac{60}{108}$

$$\frac{5}{9} = \frac{5 \cdot 12}{9 \cdot 12} = \frac{60}{108}$$

Wissen kurz gefasst ✓

Erweitern: Zähler und Nenner mit der gleichen natürlichen Zahl multiplizieren.
Kürzen: Zähler und Nenner mit der gleichen Zahl dividieren.
Gemeinsamer Teiler: Die Zahl, mit der man den Zähler und Nenner ohne Rest dividieren kann.

Größenvergleich von Brüchen

Bei zwei natürlichen Zahlen sieht man sofort, welche von den beiden die größere Zahl ist. Bei Brüchen hingegen sieht man es nicht so einfach.

Brüche kann man genauso wie natürliche oder ganze Zahlen auf einer Zahlengeraden anordnen. Dabei ordnet man einem Punkt auf der Zahlengeraden eine **Bruchzahl** zu. Durch Erweitern oder Kürzen eines Bruches können zu einem Punkt auf der Zahlengeraden verschiedene Brüche gehören.

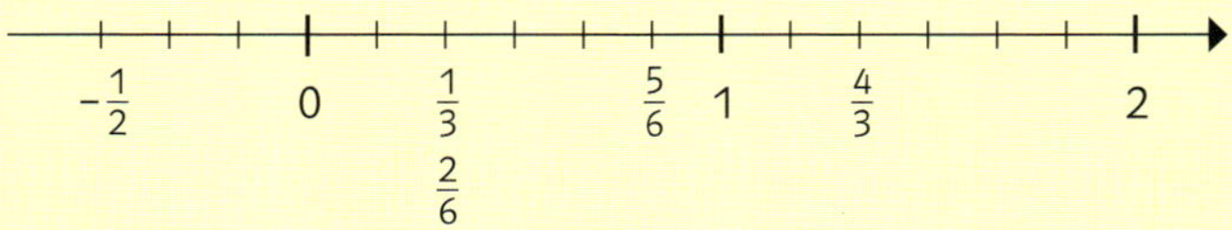

Diejenige Zahl, die auf der Zahlengeraden weiter rechts liegt, ist die größere Zahl.
Um dies zu entscheiden, müssen beide Zahlen als Bruch mit **gleichem Nenner** angegeben sein. Der Bruch mit dem größeren Zähler ist dann die größere Zahl.

Beispiel

Vergleiche die folgenden Brüche:

a) $\frac{3}{4}; \frac{4}{5}$

Durch Erweitern der Brüche auf gleichen Nenner folgt: $\frac{3}{4} = \frac{3 \cdot 5}{4 \cdot 5} = \frac{15}{20}$ und $\frac{4}{5} = \frac{4 \cdot 4}{5 \cdot 4} = \frac{16}{20}$. Da bei dem zweiten Bruch der Zähler größer ist, ist er auch der größere Bruch.

$$\frac{3}{4} < \frac{4}{5}$$

b) $2\frac{1}{5}; 3$

Erweitern auf gleichen Nenner ergibt: $2\,\frac{1}{5} = \frac{10}{5} + \frac{1}{5} = \frac{11}{5}$ und $3 = \frac{15}{5}$

Damit folgt:

$$2\frac{1}{5} < 3$$

c) $\frac{12}{18}; \frac{8}{10}$

Durch Kürzen der beiden Brüche ergibt sich: $\frac{12}{18} = \frac{12:6}{18:6} = \frac{2}{3}$ und $\frac{8}{10} = \frac{8:2}{10:2} = \frac{4}{5}$.

Nun sieht man der gemeinsame Nenner ist 15, d.h.

$\frac{2}{3} = \frac{2 \cdot 5}{3 \cdot 5} = \frac{10}{15}$ und $\frac{4}{5} = \frac{4 \cdot 3}{5 \cdot 3} = \frac{12}{15}$.

Also ist $$\frac{2}{3} < \frac{4}{5}$$

Hinweis:

Brüche, die 1 ergeben (z. B. $\frac{4}{4}$ oder $\frac{7}{7}$) oder größer sind als 1, kann man auch in **gemischter Schreibweise** angeben. Es handelt sich dabei um eine Schreibweise aus einer ganzen Zahl und einem Bruch kleiner 1.

Beispiel: $\frac{3}{4} = 1 + \frac{1}{3} = 1\frac{1}{3}$

Wissen kurz gefasst ✓

Brüche vergleicht man, indem man sie durch Erweitern oder Kürzen oder beides hintereinander ausgeführt, auf den gleichen Nenner bringt. Dann ist der Bruch mit dem größeren Zähler auch der größere Bruch.

Bei Umfragen oder Wahlen werden die Ergebnisse oft in Prozent angegeben. Diese Schreibweise gibt genauso wie Brüche Anteile an.

Brüche mit dem Nenner 100 kann man auch in Prozent angeben.

Dabei ist $\frac{1}{100} = 1\,\%$, $\frac{2}{100} = 2\,\%$; $\frac{10}{100} = \frac{1}{10} = 10\,\%$; $\frac{50}{100} = \frac{1}{2} = 50\,\%$

In einer Klasse mit 25 Schülern soll abgestimmt werden, wohin der Klassenausflug gehen soll. Zur Auswahl stehen der Zoo und das Schwimmbad. Die folgende Tabelle zeigt die Ergebnisse.

25 Schüler befragt	Zoo	Schwimmbad	egal
Absolute Häufigkeit	10	8	7

In der Tabelle wurden die genauen Anzahlen angegeben. Man sagt dazu auch **absolute Häufigkeit**.
Werden stattdessen die Anteile angegeben, so sagt man dafür **relative Häufigkeit**.

25 Schüler befragt	Zoo	Schwimmbad	Egal
Relative Häufigkeit	40 %	32 %	28 %

Der Anteil der Schüler, die in den Zoo wollen, beträgt $\frac{10}{25} = \frac{40}{100} = 40\%$. Der Anteil der Schüler, die ins Schwimmbad wollen beträgt $\frac{8}{25} = \frac{32}{100} = 32\,\%$. Der Anteil der Schüler, denen es egal ist, beträgt $\frac{7}{25} = \frac{28}{100} = 28\,\%$.

Beispiel

a) Schreibe die Anteile in Prozent:

$\frac{22}{100} = 22\,\%$; $\frac{60}{200} = \frac{30}{100} = 30\,\%$; $\frac{4}{20} = \frac{20}{100} = 20\,\%$

b) Schreibe die Anteile als Bruch:

$3\,\% = \frac{3}{100}$; $80\,\% = \frac{80}{100} = \frac{4}{5}$; $75\,\% = \frac{75}{100} = \frac{3}{4}$

c) Wie viel sind 15% von 50€?

$15\,\% = \frac{15}{100}$ $\frac{15}{100}$ von 50 € sind $15 \cdot \frac{50}{100}$ € = 7,50 €

Anteile können auch graphisch in Form von Kreisdiagrammen oder Säulendiagrammen dargestellt werden.

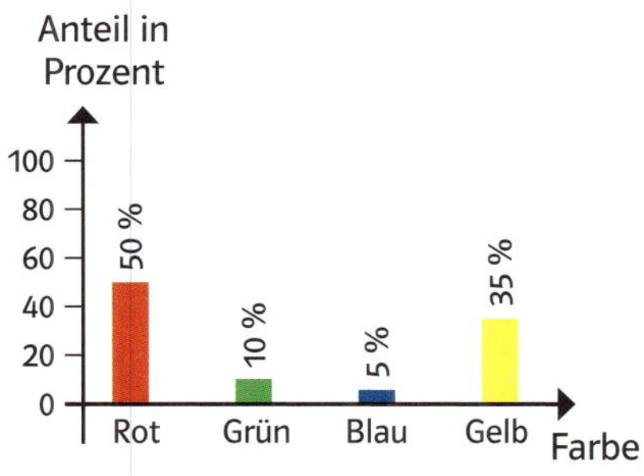

Wissen kurz gefasst ✓

Anteile können auch als Prozente angegeben werden.

Dabei bedeutet $1\,\% = \frac{1}{100}$.

Um einen Anteil in Prozent angeben zu können, muss man den Bruch zuerst so erweitern oder kürzen, dass der Nenner 100 beträgt.

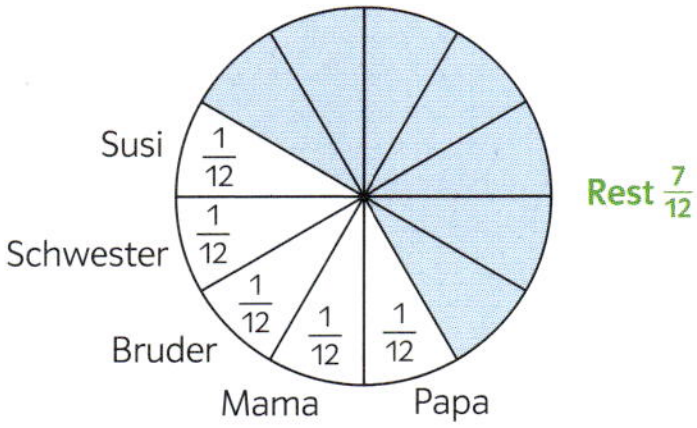

Susi und ihre Schwester gehen in eine Bäckerei und kaufen für sich, ihren Bruder und ihre Eltern je ein Stück Kuchen. Wie viel vom ganzen Kuchen ist noch übrig?

Brüche mit dem **gleichen Nenner** addiert bzw. subtrahiert man, indem man die Zähler miteinander addiert bzw. subtrahiert und den Nenner beibehält.

Beispiel: $\frac{5}{3} + \frac{1}{3} = \frac{5+1}{3} = \frac{6}{3} = 2$ bzw. $\frac{21}{15} - \frac{13}{15} = \frac{21-13}{15} = \frac{8}{15}$

Brüche mit **verschiedenen Nennern** kann man erst addieren bzw. subtrahieren, wenn sie den gleichen Nenner haben. Durch Erweitern oder Kürzen bringt man die beiden Brüche auf den gleichen Nenner. Dann kann man sie wie gewohnt addieren bzw. subtrahieren.

Beispiel: $\frac{7}{12} + \frac{1}{3} = \frac{7}{12} + \frac{1 \cdot 4}{3 \cdot 4} = \frac{7}{12} + \frac{4}{12} = \frac{11}{12}$

Beispiel: $\frac{5}{18} - \frac{2}{9} = \frac{5}{18} - \frac{2 \cdot 2}{9 \cdot 2} = \frac{5}{18} - \frac{4}{18} = \frac{1}{18}$

Auf dem Zahlenstrahl lässt sich die Addition und Subtraktion von Brüchen folgendermaßen darstellen:

$\frac{1}{8} + \frac{5}{8} = \frac{6}{8}$

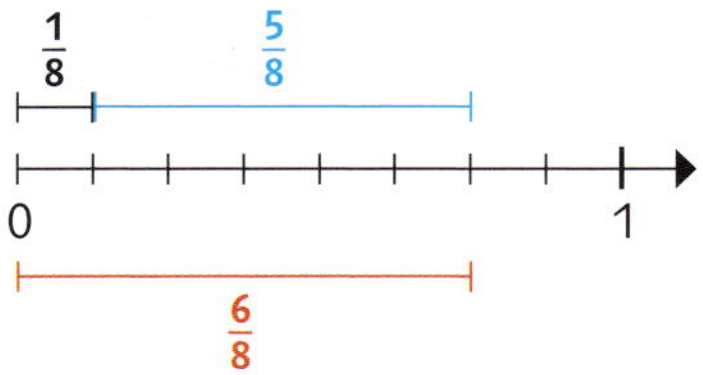

$\frac{9}{10} - \frac{3}{10} = \frac{6}{10}$

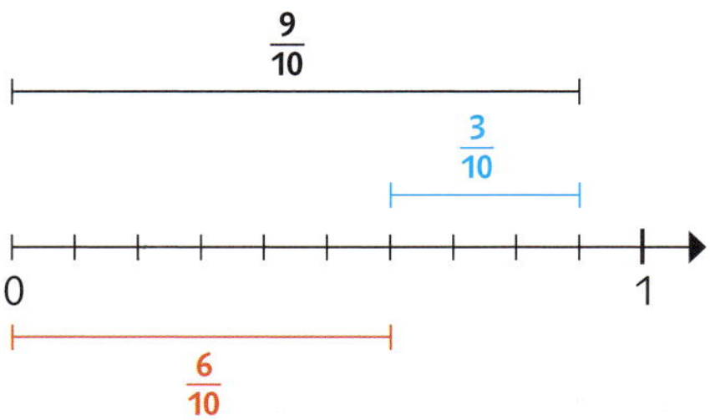

Für rationale Zahlen gelten die gleichen Rechenregeln wie bei der Addition und Subtraktion von ganzen Zahlen.

a) $\frac{4}{45} + (-\frac{4}{90}) = \frac{4}{45} - \frac{4}{90} = \frac{4}{45} - \frac{4:2}{90:2} = \frac{4}{45} - \frac{2}{45} = \frac{4-2}{45} = \frac{2}{45}$

b) $-\frac{1}{6} - (-\frac{1}{9}) = -\frac{1}{6} + \frac{1}{9} = -\frac{1 \cdot 3}{6 \cdot 3} + \frac{1 \cdot 2}{9 \cdot 2} = -\frac{3}{18} + \frac{2}{18} = \frac{-3+2}{18} = -\frac{1}{18}$

c) $-\frac{15}{12} + \frac{1}{8} = -\frac{5 \cdot 6}{12 \cdot 6} + \frac{1 \cdot 9}{8 \cdot 9} = -\frac{30}{72} + \frac{9}{72} = \frac{-30+9}{72} = \frac{-21}{72} = -\frac{7}{24}$

d) $1 - \frac{1}{7} = \frac{7}{7} - \frac{1}{7} = \frac{7-1}{7} = \frac{6}{7}$

e) $\frac{0}{7} - \frac{1}{19} = 0 - \frac{1}{19} = -\frac{1}{19}$

Wissen kurz gefasst ✓

Addieren bzw. Subtrahieren von Brüchen:

- Bringe die Brüche auf den gleichen Nenner.
- Schreibe die Brüche auf einen gemeinsamen Bruchstrich. Vergiss dabei die Minus- und Pluszeichen nicht.
- Berechne den Zähler und behalte den Nenner bei.
- Kürze dein Ergebnis vollständig.

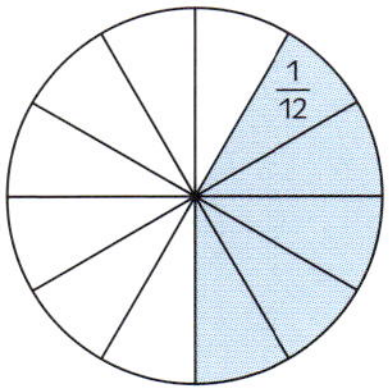

$5 \cdot \frac{1}{12} = \frac{5}{12}$

Wenn bei 5 Personen jeder $\frac{1}{12}$ von einem ganzen Kuchen isst, so fehlen am Schluss $\frac{5}{12}$ des Kuchens.

Multiplizieren von Brüchen mit einer Zahl:

Multipliziert man einen Bruch mit einer **natürlichen Zahl**, so wird der Zähler mit dieser Zahl multipliziert und der Nenner beibehalten.

Beispiel: $5 \cdot \frac{1}{12} = \frac{5 \cdot 1}{12} = \frac{5}{12}$

Multipliziert man einen Bruch mit einer **ganzen Zahl**, so bestimmt man zuerst das Vorzeichen des Ergebnisses und rechnet dann, wie bei natürlichen Zahlen.

Beispiel: $-3 \cdot \frac{1}{8} = -\frac{3 \cdot 1}{8} = -\frac{3}{8}$

Dividieren von Brüchen durch eine Zahl:

Dividiert man einen Bruch durch eine **natürliche Zahl**, so gibt es zwei Möglichkeiten:

1. Möglichkeit: Nur anzuwenden, wenn der Zähler durch die natürliche Zahl ohne Rest teilbar ist.
   Man dividiert den Zähler durch die natürliche Zahl und behält den Nenner bei.

   Beispiel: $\frac{6}{11} : 2 = \frac{6 : 2}{11} = \frac{3}{11}$

2. Möglichkeit: Immer anwendbar.
   Man multipliziert den Nenner mit der natürlichen Zahl. Und behält den Zähler bei.

   Beispiel: $\frac{3}{7} : 5 = \frac{3}{7 \cdot 5} = \frac{3}{35}$

Dividiert man einen Bruch durch eine **ganze Zahl**, so bestimmt man zuerst das Vorzeichen des Ergebnisses und rechnet dann, wie bei natürlichen Zahlen.

Beispiel: $\frac{1}{2}:(-3) = -\frac{1}{2 \cdot 3} = -\frac{1}{6}$

Tipp

Bevor man den Zähler oder Nenner mit einer Zahl multipliziert, ist es sinnvoll zu überprüfen, ob man kürzen kann.

Beispiel: $5 \cdot \frac{3}{25} = \frac{5 \cdot 3}{25} = \frac{5 \cdot 3}{5 \cdot 5} = \frac{3}{5}$

Beispiel

a) $\frac{8}{27} \cdot 6 = \frac{8 \cdot 6}{27} = \frac{8 \cdot 2 \cdot 3}{9 \cdot 3} = \frac{16}{9}$

b) $-\frac{5}{8} \cdot (-12) = \frac{5}{8} \cdot 12 = \frac{5 \cdot 12}{8} = \frac{5 \cdot 3 \cdot 4}{2 \cdot 4} = \frac{15}{2}$

c) $\frac{-12}{7}:4 = -\frac{12}{7}:4 = -\frac{12:4}{7} = -\frac{3}{7}$

d) $\frac{56}{59}:7 = \frac{56}{59 \cdot 7} = \frac{7 \cdot 8}{59 \cdot 7} = \frac{8}{59}$

Wissen kurz gefasst ✓

Brüche werden mit einer ganzen Zahl multipliziert, indem man den Zähler mit der Zahl multipliziert und den Nenner beibehält.
Brüche werden durch eine ganze Zahl dividiert, indem man den Nenner mit der Zahl multipliziert und den Zähler beibehält.
Auf Vorzeichen muss dabei geachtet werden.

7 Bruchzahlen Multiplikation und Division mit einem Bruch

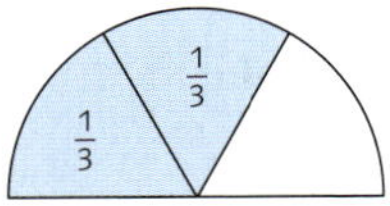

Von Susis Geburtstag ist noch ein halber Kuchen übrig. Davon isst sie auf jeden Fall noch $\frac{2}{3}$. Welchen Anteil vom ganzen Kuchen will Susi essen?

Multiplizieren von Brüchen:

Brüche werden multipliziert, indem man alles auf einen Bruchstrich schreibt und Zähler mit Zähler sowie Nenner mit Nenner multipliziert.

Haben die Brüche negative Vorzeichen, so berechnet man zuerst das Vorzeichen des Ergebnisses.

Beispiel: $\frac{2}{3} \cdot \frac{1}{2} = \frac{2 \cdot 1}{3 \cdot 2} = \frac{2}{6} = \frac{1}{3}$

Man sagt dazu: der Anteil $\frac{2}{3}$ von $\frac{1}{2}$ beträgt $\frac{1}{3}$ vom Ganzen.

Dividieren von Brüchen:

Brüche werden dividiert, indem man mit dem Kehrwert des Bruches multipliziert.

Den Kehrwert eines Bruches erhält man, indem man den Zähler mit dem Nenner vertauscht.

Beispiel: $\frac{3}{5} : \frac{7}{8} = \frac{3}{5} \cdot \frac{8}{7} = \frac{3 \cdot 8}{5 \cdot 7} = \frac{24}{35}$

Man kann eine Division auch durch einen **Doppelbruch** darstellen.

Ein Doppelbruch ist ein Quotient aus Bruchzahlen. Ein Bruchstrich ersetzt hierbei das Divisionszeichen.

Beispiel: $\frac{5}{9} : \frac{7}{4} = \frac{\frac{5}{9}}{\frac{7}{4}}$

Wichtig:
Ist bei einer Multiplikation ein Faktor 0, so ist das Produkt auch 0.
Ist bei einer Division, der Dividend 0, so ist der Quotient auch 0.
Bei einer Division darf der Divisor nie 0 sein.

Multipliziert man eine Zahl mit einem Bruch größer 1, so ist das Ergebnis größer als die Zahl. Multipliziert man dagegen die Zahl mit einem Bruch kleiner 1, so ist das Ergebnis kleiner als die Zahl.

Tipp

Beispiel: $\frac{3}{4} \cdot 2\frac{3}{9} = \frac{3}{4} \cdot \frac{21}{9} = \frac{3 \cdot 21}{4 \cdot 9} = \frac{63}{36} = \frac{7}{4} = 1\frac{3}{4} > \frac{3}{4}$

$3 \cdot \frac{2}{3} = \frac{3 \cdot 2}{3} = \frac{6}{3} = 2 < 3$

$\frac{3}{4} \cdot 0 = \frac{3 \cdot 0}{4} = 0$

Dividiert man eine Zahl durch einen Bruch größer 1, so ist das Ergebnis kleiner als die Zahl. Dividiert man eine Zahl mit einem Bruch zwischen 0 und 1, so ist das Ergebnis größer als die Zahl.

Beispiel: $\frac{9}{5} : 1\frac{1}{2} = \frac{9}{5} : \frac{3}{2} = \frac{9}{5} \cdot \frac{2}{3} = \frac{18}{15} = \frac{6}{5} < \frac{9}{5}$

$\frac{3}{7} : \frac{2}{3} = \frac{3}{7} \cdot \frac{3}{2} = \frac{9}{14} > \frac{3}{7} = \frac{6}{14}$

$\frac{0}{7} = 0 : 7 = 0$

$\frac{8}{0}$ geht nie!

Wissen kurz gefasst ✓

Brüche werden multipliziert, indem man den Zähler mit dem Zähler und den Nenner mit dem Nenner multipliziert.
Brüche werden dividiert, indem man den ersten Bruch mit dem Kehrwert des zweiten Bruches multipliziert.

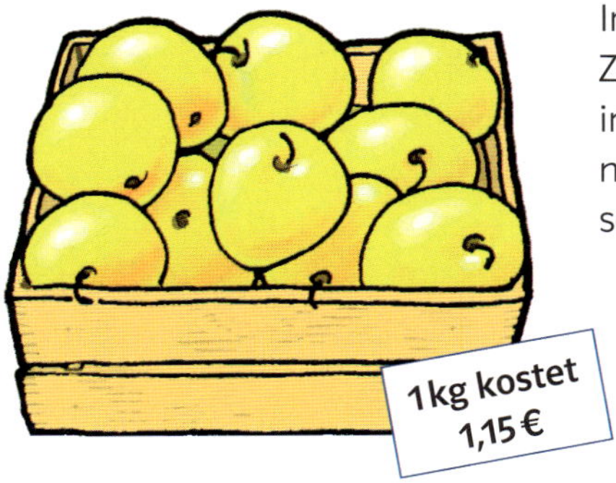

Im Alltag treten außer den ganzen Zahlen und den Brüchen auch Zahlen in Kommaschreibweise auf. Man nennt diese Schreibweise Dezimalschreibweise.

Die **Dezimalschreibweise** ist eine weitere Möglichkeit einen Bruch darzustellen. So kann man anstelle von $\frac{1}{10}$ auch 0,1 schreiben.

Umformen einer Dezimalzahl in einen Bruch:
Die Anzahl der Stellen hinter dem Komma bestimmt den Nenner des Bruches. Hat die Dezimalzahl ein, zwei, drei, … Stellen hinter dem Komma, so hat der Bruch den Nenner 10; 100; 1000; …

Beispiel: $7{,}5 = \frac{75}{10} = \frac{15}{2}$

Umformen eines Bruches in eine Dezimalzahl:
Will man aus einem Bruch eine Dezimalzahl machen, so muss man den Bruch erweitern, bis der Nenner eine Zehnerpotenz ist. Beträgt der Nenner des Bruches 10; 100; 1000; …, so hat die Dezimalzahl eine, zwei, drei, … Stellen hinter dem Komma.

Beispiel: $\frac{1}{5} = \frac{2}{10} = 0{,}2$

Liegen Größen, z. B. kg oder m, in Dezimalschreibweise vor, so entspricht die Umwandlung von einer kleineren zu einer größeren Maßeinheit einer Kommaverschiebung nach links.

Beispiel: 2,53 dm = 0,253 m

Die Umwandlung von einer größeren zu einer kleineren Maßeinheit, entspricht einer Kommaverschiebung nach rechts.

Beispiel: 5,7 kg = 5700 g

Hängt man an eine Dezimalzahl Nullen an oder lässt diese weg, so verändert dies nicht den Wert der Dezimalzahl.
Beispiel: 6,70 = 6,700 = 6,7

Beispiel

a) $-0{,}58 = -\frac{58}{100} = -\frac{29}{50}$

b) $\frac{5}{8} = \frac{5 \cdot 125}{8 \cdot 125} = \frac{625}{1000} = 0{,}625$

c) $0{,}900 = \frac{900}{1000} = \frac{9}{10} = 0{,}9$

d) $420\,m^2 = 4{,}20\,a = 4{,}2\,a$

e) $0{,}458\,m = 4{,}58\,dm = 45{,}8\,cm = 458\,mm$

f) $1\,m^3\ 3\,dm^3 = 1003\,dm^3 = 1{,}003\,m^3$

Wissen kurz gefasst ✓

Dezimalzahlen sind eine andere Möglichkeit Brüche darzustellen.
Will man aus einer Dezimalzahl einen Bruch machen, so hat dieser Bruch je nach Anzahl der Nachkommastellen den Nenner 10; 100; 1000; …
Will man aus einem Bruch eine Dezimalzahl machen, so muss man den Bruch erst durch Erweitern oder Kürzen auf den Nenner 10; 100; 1000; … bringen. Die Dezimalzahl hat dann entsprechend eine, zwei, drei, … Nachkommastellen.

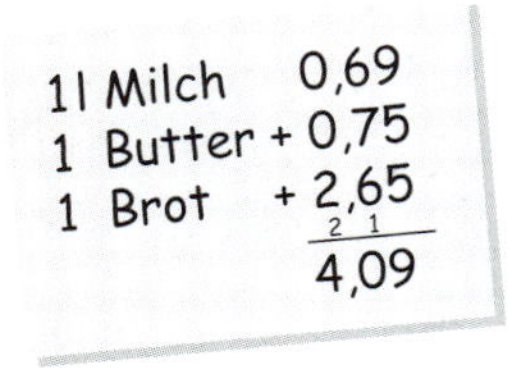

Beim Einkaufen bist du immer mit Dezimalzahlen konfrontiert. Um zu überprüfen, ob die Verkäuferin sich nicht verrechnet hat, musst du Dezimalzahlen addieren und subtrahieren können.

Addieren und Subtrahieren

Beides funktioniert mit Dezimalzahlen genauso wie mit natürlichen Zahlen. Man addiert bzw. subtrahiert die entsprechenden Dezimalstellen.

Beachte: Beim schriftlichen Rechnen muss **Komma unter Komma stehen!**

Beispiel

Berechne im Kopf

a) $0{,}5 + 2{,}4 = 2{,}9$

b) $-0{,}4 + 3{,}6 = 3{,}6 - 0{,}4 = 3{,}2$

c) $-16{,}5 - 23{,}2 = -39{,}7$

d) $-25 + 13{,}3 = -11{,}7$

Rechne schriftlich

e) $8{,}65 + 3{,}46 = 12{,}11$

$$\begin{array}{r} 8{,}65 \\ +\ \ 3{,}46 \\ \hline 12{,}11 \end{array}$$

f) $38{,}246 - 10{,}041 = 28{,}205$

$$\begin{array}{r} 38{,}246 \\ -\ 10{,}041 \\ \hline 28{,}205 \end{array}$$

g) $6{,}3 - 2{,}58 = 3{,}72$

$$\begin{array}{r} 6{,}30 \\ -\ \ 2{,}58 \\ \hline 3{,}72 \end{array}$$

Tipp

Um Fehler zu vermeiden, musst du Nullen ergänzen.

Um ein Ergebnis zu überprüfen, ist es oft ausreichend die Rechnung zu überschlagen, d.h. mit gerundeten Werten zu rechnen.

Runden von Dezimalzahlen:

Zuerst legt man fest, auf wie viele Nachkommastellen dass Ergebnis gerundet werden soll. Es gelten die gleichen Regeln wie bei natürlichen Zahlen:
Ist die erste Zahl, die man weglässt eine 0; 1; 2; 3; 4, so wird **abgerundet**.
Ist die erste Zahl, die man weglässt eine 5; 6; 7; 8; 9, so wird **aufgerundet**.

Beispiel

a) Runde 6 5478 auf Hundertstel:
   6,5478 ≈ 6,55 (die Ziffer 7 an der Tausendstelstelle entscheidet.)
b) Runde 6,543 m auf dm
   6,543 m ≈ 65 dm (die Ziffer 4 an der cm-Stelle entscheidet)
c) Überschlage:
   $47{,}47 + 52{,}52 - 19{,}19 - 63{,}63 \approx 50 + 50 - 20 - 60 = 20$
   (Genauer Wert: 17,17)

Wissen kurz gefasst ✓

Das Addieren und Subtrahieren funktioniert wie bei natürlichen Zahlen, indem man die entsprechenden Stellen untereinander schreibt.
Man muss beachten, dass beim schriftlichen Rechnen, Komma unter Komma steht.

Ist die erste Ziffer, die man weglässt eine
0; 1; 2; 3; 4, so rundet man ab.
5; 6; 7; 8; 9, so rundet man auf.

Susi soll für ihre Mutter 5 Tüten Milch kaufen. Eine Tüte kostet 0,65 €. Wie viel Geld muss sie mitnehmen?

0,65 € · 5 =
3,25 €

Susi muss mindestens 3,25 € zum Einkaufen mitnehmen.

Multiplizieren einer Dezimalzahl mit einer Zehnerpotenz:
Multipliziert man eine Dezimalzahl mit einer Zehnerpotenz, d.h. 10; 100; 1000; …, so verschiebt sich das Komma der Dezimalzahl um 1; 2; 3; … Stellen nach rechts.

Beispiel: $2{,}589 \cdot 10^2 = 2{,}589 \cdot 100 = 258{,}9$

Vorgehensweise beim Multiplizieren einer Dezimalzahl mit einer Dezimalzahl:
1. Bestimme das Vorzeichen deines Ergebnisses
2. Multipliziere die Zahlen ohne Komma
3. Setze dein Komma so, dass das Ergebnis genau so viele Stellen hinter dem Komma hat wie die beiden Faktoren zusammen.

Beispiel: $2{,}5 \cdot 1{,}5 = 3{,}75$

Beispiel

a) $8{,}569 \cdot 10^3 = 8{,}569 \cdot 1000 = 8\,569$
Das Komma wird um drei Stellen nach rechts verschoben.

b) $2{,}36 \cdot 10^4 = 2{,}36 \cdot 10\,000 = 23\,600$
Damit du das Komma vier Stellen nach rechts verschieben kannst, musst du zwei zusätzliche Nullen anfügen.

c) $\underline{25{,}74 \cdot 15}$

```
  25,74·15
  --------
   2574
 +12870
  -------
   386,10
```

Der 1. Faktor hat zwei Nachkommastellen, der 2. Faktor keine, damit hat das Ergebnis auch zwei Nachkommastellen.

d)

```
  2,358 · 0,65
  ------------
      14148
 +    11790
  ------------
     1,53270
```

Der 1. Faktor hat drei Nachkommastellen, der 2. Faktor hat zwei Nachkommastellen, also hat das Ergebnis fünf Nachkommastellen.

Wissen kurz gefasst ✓

Multiplizierst du eine Dezimalzahl mit
- einer Zehnerpotenz, so verschiebst du das Komma um die entsprechenden Stellen nach rechts.
- einer Dezimalzahl, so multiplizierst du die beiden Faktoren zuerst ohne Komma. Das Komma setzt du dann so, dass das Ergebnis so viele Nachkommastellen hat wie die Faktoren zusammen.

Susi und ihre Freundin Katrin wollen ihre Zeugnisse miteinander vergleichen. Da ihre Noten in vielen Fächern unterschiedlich sind, können sie die Zeugnisse nur vergleichen, wenn sie den Durchschnitt berechnen.

Dividieren einer Dezimalzahl durch eine Zehnerpotenz:

Dividiert man eine Dezimalzahl durch eine Zehnerpotenz, d.h. 10; 100; 1000; …, so verschiebt sich das Komma der Dezimalzahl um eins; zwei; drei; … Stellen **nach links**.

Beispiel: 56,6 : 10 = 5,66

Vorgehensweise beim Dividieren einer Dezimalzahl durch eine ganze Zahl:

1 Bestimme zuerst das Vorzeichen deines Ergebnisses
2. Dividiere die Zahlen wie bei natürlichen Zahlen. Sobald du das Komma überschreitest, musst du auch ein Komma im Ergebnis setzen.

Vorgehensweise beim Dividieren einer Dezimalzahl durch eine Dezimalzahl:

1. Bestimme das Vorzeichen deines Ergebnisses
2. Verschiebe das Komma beider Dezimalzahlen so weit nach rechts bis der Divisor eine ganze Zahl ist.
3. Dann verfährst du wie beim Dividieren durch eine ganze Zahl.

Das Dividieren von Dezimalzahlen durch natürliche Zahlen hängt mit dem Berechnen des Durchschnittes zusammen.
Den **Durchschnitt oder Mittelwert** erhält man, indem man alle Zahlen bzw. Größen addiert und die Summe durch die Anzahl der Zahlen oder Größen dividiert.
Anstelle von Mittelwert sagt man auch arithmetisches Mittel.
Beim Bestimmen des Mittelwertes von Größen muss man darauf achten, dass alle Größen die gleiche Einheit besitzen.

Beispiel

a) $0{,}456 : 10^2 = 0{,}456 : 100 = 0{,}00456$
Damit du das Komma zwei Stellen nach links verschieben kannst, musst du zwei zusätzliche Nullen davor schreiben.

b)
```
  9,2 : 8 = 1,15
 -8
  1 2        Komma setzen!
 -  8
    40
   -40
     0
```

c)
```
8,395 : 3,65 = 839,5 : 365 = 2,3
              - 730
                1095       Komma setzen!
              - 1095
                   0
```

Wissen kurz gefasst ✓

Dividierst du eine Dezimalzahl durch
- eine Zehnerpotenz, so verschiebst du das Komma um die entsprechenden Stellen nach links.
- eine ganze Zahl, so rechnest du wie bei ganzen Zahlen und setzt, sobald du das Komma überschreitest, auch ein Komma in deinem Ergebnis.
- eine Dezimalzahl, so verschiebst du bei beiden Zahlen das Komma bis der Divisor ein ganze Zahl ist.

Im Laufe des 5. und 6. Schuljahres hast du verschiedene Zahlen kennen gelernt, z. B. Brüche, negative Zahlen, Dezimalzahlen usw. Diese kannst du zusammenfassen und ordnen.

Die natürlichen Zahlen ℕ = {0; 1; 2; 3; ...}
In der Grundschule hast du mit natürlichen Zahlen 0; 1; 2; 3 ... gerechnet. Es hat sich gezeigt, dass die Addition und Multiplikation von natürlichen Zahlen wieder eine natürliche Zahl ergibt.
Beim Subtrahieren und Dividieren war das nicht immer der Fall.

Die ganzen Zahlen ℤ = {...; -2; -1; 0; 1; 2; 3}
Bei der Subtraktion von natürlichen Zahlen haben wir gemerkt, dass manchmal das Ergebnis eine negative Zahl ist. Deshalb wurde der Zahlenbereich um diese Zahlen erweitert und wir erhielten einen neuen Zahlenbereich, die ganzen Zahlen. Nun erhält man bei der Subtraktion auch wieder eine ganze Zahl.
Die Division bereitet jedoch noch immer Probleme.

Die rationalen Zahlen ℚ:
Dies führte dazu, dass der Zahlenbereich noch weiter vergrößert werden musste. Es kamen die Bruchzahlen und Dezimalzahlen dazu. Dabei hast du festgestellt, dass jede Bruchzahl als Dezimalzahl dargestellt werden kann und umgekehrt. Die Bruch- oder Dezimalzahlen bilden den Zahlenbereich der rationalen Zahlen.

Für alle drei Zahlenbereiche gelten die Rechengesetze:
- Kommutativgesetz der Addition und Multiplikation
- Assoziativgesetz der Addition und Multiplikation
- Distributivgesetz

Eine graphische Darstellung dieser Zahlenbereiche siehst du rechts, sie zeigt:

Es existieren Zahlen, die zu den rationalen Zahlen gehören, aber nicht zu den ganzen oder natürliche Zahlen, z. B. $\frac{1}{3}$.

In der Mathematik hat man zwei Symbole $\in$ (Element) und $\notin$ (kein Element) eingeführt, die diesen Sachverhalten ausdrücken.

Man schreibt:

$\frac{1}{3} \in \mathbb{Q}$: $\frac{1}{3}$ ist **Element** der rationalen Zahlen.

$\frac{1}{3} \notin \mathbb{Z}$: $\frac{1}{3}$ ist **kein Element** der ganzen Zahlen.

$\frac{1}{3} \notin \mathbb{N}$: $\frac{1}{3}$ ist **kein Element** der natürlichen Zahlen.

Es gibt aber auch Zahlen, die zu allen drei Zahlenbereichen gehören, wie z. B. 2.
Man schreibt: $2 \in \mathbb{N}$; $2 \in \mathbb{Z}$; $2 \in \mathbb{Q}$.

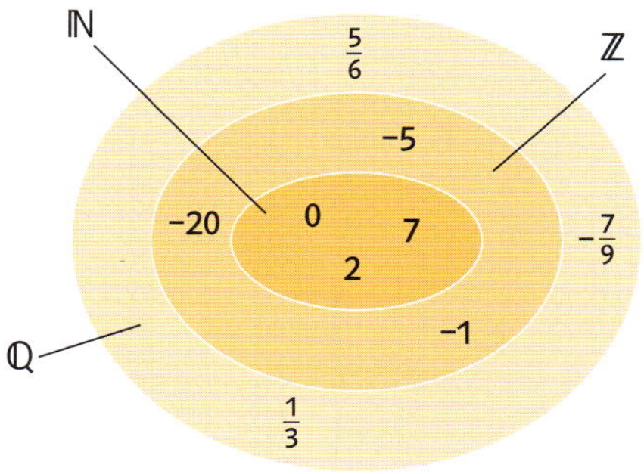

Wissen kurz gefasst ✓

	Zahlenbereich	Immer ausführbar	Nicht immer ausführbar
$\mathbb{N}$	Natürliche Zahlen z. B. 0; 6; 140	Addition, Multiplikation	Subtraktion (z. B. 5 − 8) Division (z. B. 4 : 5)
$\mathbb{Z}$	Ganze Zahlen z. B. −14; 7; 0	Addition, Subtraktion, Multiplikation	Division z. B. 4 : 5
$\mathbb{Q}$	Rationale Zahlen z. B. −3; 5; −0,3; $\frac{4}{9}$	Addition, Subtraktion, Multiplikation, Division (außer durch 0)	

Susi:

$$42 - (6 \cdot 13 + 7 \cdot 6)$$
$$= 42 - (78 + 42)$$
$$= 42 - 120 = -78$$

Tina:

$$42 - (6 \cdot 13 + 7 \cdot 6)$$
$$= 42 - (78 + 42)$$
$$= 42 - 78 + 42 = 6$$

Beim Berechnen von Termen müssen wir auf alle Fälle Regeln einhalten. Dennoch wollen wir schnell zu einem Ergebnis kommen. Deshalb werden wir zu den bekannten Regeln noch Regeln für geschicktes Rechnen kennen lernen.

Bei den negativen Zahlen hast du bereits die Grundregeln für das Rechnen mit Termen kennen gelernt. Diese Grundregeln gelten für alle Zahlenbereiche ($\mathbb{N}$, $\mathbb{Z}$, $\mathbb{Q}$), die wir bisher hatten.

Grundregeln für Terme:

1. Klammern immer zuerst berechnen. Innere Klammern vor äußeren Klammern.
2. Punktrechnung vor Strichrechnung
3. Kommen keine Klammern vor, so wird von links nach rechts gerechnet.

Manchmal ist es sinnvoller geschickt und richtig zusammenzufassen, als von links nach rechts zu rechnen. Dabei wendet man Gesetze an:

- **Kommutativgesetz** der Addition und Multiplikation
  $a + b = b + a$; $a \cdot b = b \cdot a$
- **Assoziativgesetz** der Addition und Multiplikation
  $(a + b) + c = a + (b + c)$; $(a \cdot b) \cdot c = a \cdot (b \cdot c)$
- **Distributivgesetz:**
  $a \cdot (b + c) = a \cdot b + a \cdot c$; $a \cdot (b - c) = a \cdot b - a \cdot c$

Wie wendet man diese Gesetze bei negativen Vorzeichen an?

Minusklammerregel:

Eine Minusklammer löst man auf, indem man bei den Zahlen in der Klammer aus den Pluszeichen ein Minuszeichen und aus den Minuszeichen ein Pluszeichen macht. Das Minuszeichen vor der Klammer und die Klammer werden weglassen.

Plusklammerregel:

Eine Plusklammer löst man auf, indem man das Pluszeichen vor der Klammer und die Klammer weglässt.

Beispiel

a) Minusklammer auflösen:
$35 - (25 - 5) = 35 - (+25 - 5) = 35 - 25 + 5 = 15$

b) Plusklammer auflösen:
$35 + (25 - 5) = 35 + (+25 - 5) = 35 + 25 - 5 = 55$

c) Verschiedene Wege führen zum gleichen Ergebnis:
Klammern berechnen: $12 \cdot (25{,}3 - 5{,}3) = 12 \cdot 20 = 240$
Ausmultiplizieren: $12 \cdot (25{,}3 - 5{,}3) = 303{,}6 - 63{,}6 = 240$

d) Rechenvorteile nutzen:
$1{,}2 \cdot 106 - 6 \cdot 1{,}2 = 1{,}2 \cdot (106 - 6) = 1{,}2 \cdot 100 = 120$
Hier ist das Ausklammern geschickt, da die Klammer 100 ergibt.

Für den Term $9 \cdot (8 - 3)$ kann man auch $9 \cdot 8 - 9 \cdot 3$ schreiben.
Man sagt es wurde **ausmultipliziert**.
Macht man das Ausmultiplizieren rückgängig, $8 \cdot 4 + 8 \cdot 6 = 8 \cdot (4 + 6)$,
so sagt man es wurde **ausgeklammert**.

Wissen kurz gefasst

Regeln für Terme:
1. Klammern
2. Punkt- vor Strich
3. ohne Klammern von links nach rechts.

Minusklammer auflösen:
$10 - (5 - 3) = 10 - 5 + 3 = 8$
Plusklammer auflösen:
$3 + (-2 + 7) = 3 - 2 + 7 = 8$

9 Terme und Gleichungen Terme mit einer Variablen

Susi überlegt sich:

□ · 0,5 € = 3 €

Sucht man eine Zahl, die mit 0,5 multipliziert 3 ergibt, so kann man dafür einen Term aufstellen: □ · 0,5 = 3. Anstelle des Kästchens verwendet man in der Mathematik Buchstaben, z. B. x, y, a, b, … Diese Buchstaben nennt man **Variable**. Es entsteht dann ein **Term mit einer Variablen**: $x \cdot 0{,}5 = 3$ oder $0{,}5 \cdot x = 3$.

Tipp

- Befindet sich zwischen einer Zahl und einer Variablen ein Malzeichen, so kannst du dieses einfach weglassen: $2 \cdot x = 2x$.
- Setzt man für x eine negative Zahl ein, so muss man eine Klammer um die Zahl machen:
  Setze in folgenden Term für x die Zahl −6 ein:
  $3x + 12 = 3 \cdot (-6) + 12 = -18 + 12 = -6$
- Kommt in einem Term mehrfach die Variable x vor, so muss man für jedes x die gleiche Zahl einsetzen:
  $3x + 2x + 4 = 3 \cdot 2 + 2 \cdot 2 + 4 = 6 + 4 + 4 = 14$
- Terme mit Variablen treten gerne bei Textaufgaben auf.

Beispiel

a) Setze in dem Term für die Variable x nacheinander die Zahlen 3; 12 und −0,5 ein:

Term	3	12	−0,5
2 + 5x	2 + 5 · 3 = 17	2 + 5 · 12 = 62	2 + 5 · (−0,5) = −0,5
5 + 4 · (x −2)	5 + 4 · (3 − 2) = 9	5 + 4 · (12 − 2) = 45	5 + 4 · (−0,5 − 2) = −5
4x + 7x	4 · 3 + 7 · 3 = 33	4 · 12 + 7 · 12 = 132	4 · (−0,5) + 7 · (−0,5) = −5,5
(−2)x + 5x	(−2) · 3 + 5 · 3 = 9	(−2) · 12 + 5 · 12 = 36	(−2) · (−0,5) + 5 · (−0,5) = −1,5

b) Lena berechnet jeden Monat ihre Handyrechnung: Die Grundgebühr beträgt 4 € und für jede SMS zahlt sie 0,20 €. Der Term zur Berechnung sieht folgendermaßen aus: 4 + 0,20x. Wie hoch ist ihre Rechnung in folgenden Monaten?

Januar 20 SMS: 4 + 0,20 · 20 = 4 + 4 = 8 €
März 25 SMS: 4 + 0,20 · 25 = 4 + 5 = 9 €
Mai 10 SMS: 4 + 0,20 · 10 = 4 + 2 = 6 €
Juli 28 SMS: 4 + 0,20 · 28 = 4 + 5,60 = 9,60 €
September 32 SMS: 4 + 0,20 · 32 = 4 + 6,40 = 10,40 €

Wissen kurz gefasst ✓

Rechenausdrücke wie 3x; 7x +5; … nennt man Terme mit einer Variablen x. Für x kann man verschiedene Werte einsetzen. Es entsteht jedes Mal ein neuer Rechenausdruck.

Leider werden Terme bei Aufgaben nicht immer mitgeliefert, sondern du musst erst einen Term aufstellen, bevor du das Ergebnis berechnen kannst.
Im Folgenden findest du eine Vorgehensweise, die dir das Aufstellen von Termen erleichtern soll.

Vorgehensweise beim Aufstellen von Termen:
Du möchtest dir ein Buch für 30 € kaufen. Dazu nimmst du dir vor, jeden Monat 5 € von deinem Taschengeld zu sparen. Vom Geburtstag hast du bereits 10 €. Wie lange musst du sparen ?

1. Überlege dir, für welche Größe der Term aufgestellt werden soll. > Es soll ein Term für den gesparten Betrag aufgestellt werden
2. Überlege dir, wovon die gesuchte Größe abhängt. > Der gesparte Betrag hängt von der Anzahl der Monate ab.
3. Untersuche das Problem für kleine Zahlen. Eine Tabelle kann dir dabei helfen. >

Monate	Term	Betrag
0		10
1	$10 + 1 \cdot 5$	15
2	$10 + 2 \cdot 5$	20

4. Beschreibe in Worten, wie du die gesuchte Größe berechnest. > Der Betrag ist 10 + (Monate · 5)
5. Überlege dir, wofür deine Variable stehen muss. > x steht für die Monate
6. Formuliere den Term > Der Betrag nach x Monaten ist: $10 + x \cdot 5 = 30$
7. Rechne den Term aus. >

$$10 + x \cdot 5 = 30$$
$$x \cdot 5 = 20$$
$$x = 4$$

Nach 4 Monaten hast du das Geld für dein Buch zusammen.

Beispiel

a) Wie lautet der zugehörige Term?
Denke dir eine Zahl, multipliziere sie mit 5 und addiere dazu 19.

X sei die gedachte Zahl
Term: $x \cdot 5 + 19$

b) Wie lautet der zugehörige Term?
Denke dir eine Zahl, addiere zu ihr die Zahl 7 und multipliziere das Ergebnis mit 4.

X sei die gedachte Zahl
Term: $(x + 7) \cdot 4$

c) Wie groß ist der Umfang der Figur, wenn alle Maßzahlen in cm angegeben sind?

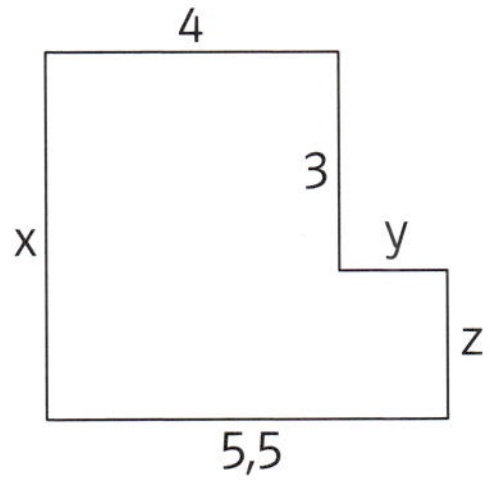

$U = x + 4 + 3 + y + z + 5{,}5$

Y lässt sich aus der Zeichnung berechnen zu : $y = 5{,}5 - 4 = 1{,}5$
Für z lässt sich folgender Term aufstellen: $z = x - 3$

Somit ergibt sich: $U = x + 4 + 3 + 1{,}5 + (x - 3) + 5{,}5 = x + (x - 3) + 14$

Wenn x = 5 cm, so ergibt sich ein Umfang von 21 cm.

Wissen kurz gefasst ✓

Um zu einer Aufgabe einen Term zu finden, muss man Folgendes tun:
- Für welche Größe will ich den Term aufstellen?
- Wovon hängt die Größe ab?
- Für kleine Zahlen das Problem lösen.
- Eine Variable einführen
- Den Term mithilfe der Variablen formulieren.

Bisher haben wir für die Variable x verschiedene Werte eingesetzt und unterschiedliche Ergebnisse erhalten. Wie kann man aber die Variable x finden, zu der genau ein vorgegebenes Ergebnis existiert ?

Sucht man eine Variable x, für die ein Term einen bestimmten Wert annimmt, so stellt man zur Berechnung von x eine Gleichung auf, z. B. für welche Variable x nimmt der Term $3 + 5x$ den Wert 28 an?
Die zugehörige Gleichung lautet: $3 + 5x = 28$.
Die Zahl, die man für x einsetzt und die die Gleichung erfüllt, nennt man die **Lösung der Gleichung**. In unserem Beispiel betragt die Lösung $x = 5$.

Es gibt zwei Möglichkeiten die Lösung einer Gleichung zu bestimmen:

1. Geschicktes Probieren:
Man setzt systematisch verschiedene Werte für x ein und probiert so lange bis der Term den gewünschten Wert annimmt.

2. Rückwärts rechnen:
Man überlegt sich, wie kommt man von x aus zum richtigen Ergebnis.

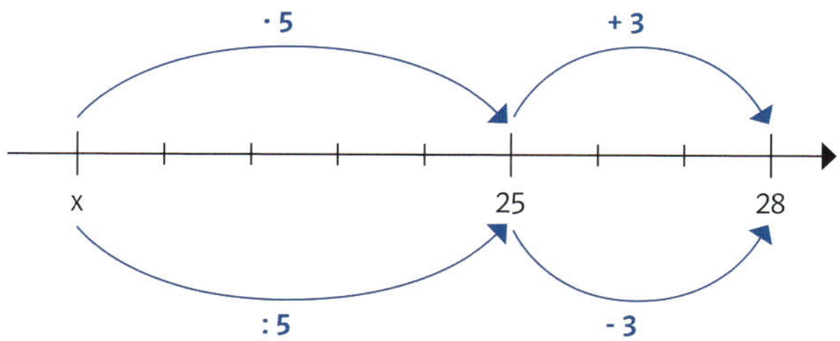

Überlege dann, wie man vom Ergebnis zum gewünschten x kommt. Indem man rückwärts rechnet. Man subtrahiert 3 von 28. Es bleibt 25 übrig. Die 25 teilt man durch 5 und erhält als Lösung der Gleichung 5.

Tipp

Um zu prüfen, ob das Ergebnis richtig ist, kann man eine Probe machen. Dazu setzt man den Wert, den man für x erhalten hat, in die Gleichung ein und vergleicht mit dem Ergebnis.

Beispiel

a) Löse folgende Gleichung und überprüfe mit einer Probe:
$4x - 5 = 7$
1. Probieren:

x	4x − 5
1	-1
2	3
3	7

Lösung: $x = 3$

2. Rückwärts rechnen: $4x - 5 = 7$
$7 + 5 = 12$
$12 : 4 = 3$

Lösung: $x = 3$

Probe: Einsetzen von $x = 3$ in die Gleichung $4x - 5 = 7$
$4 \cdot 3 - 5 = 12 - 5 = 7$
Also ist $x = 3$ eine Lösung der Gleichung.

b) $\frac{3}{4}x - 17 = -11$
$-11 + 17 = 6$
$6 : \frac{3}{4} = 6 \cdot \frac{4}{3} = 8$

Wissen kurz gefasst ✓

Soll ein Term einen bestimmten Wert annehmen, so beschreibt man das Problem als Gleichung.
Die Zahl x, für die der Term den Wert annimmt, nennt man Lösung der Gleichung.
Eine Lösung kann man durch Probieren oder rückwärts rechnen bestimmen.

Winkel und Kreise

In vielen Situationen des Lebens treten Winkel auf, z. B. beim Fußball erfolgt der Torschuss innerhalb eines Torwinkels oder das Dach eines Hauses besitzt einen Neigungswinkel.

Zwei unterschiedliche Halbgeraden mit gleichem Anfangspunkt bilden einen Winkel. Den Anfangspunkt nennt man in diesem Fall Scheitel S des Winkels. Die beiden Halbgeraden heißen Schenkel des Winkels.
Winkel bezeichnet man mit griechischen Buchstaben:
α – Alpha; β – Beta; γ – Gamma; δ – Delta.

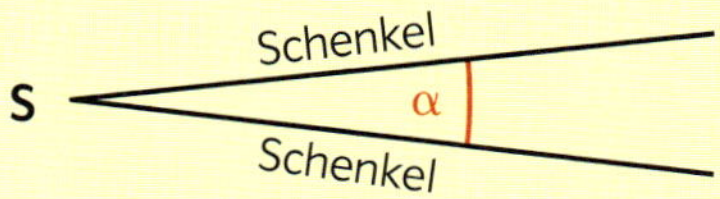

Winkel messen:

Die Weite eines Winkels wird in Grad angegeben.
Teilt man einen Kreis in 360 gleiche Kreisausschnitte, so entsteht ein Winkel von einem Grad (1°).

Vorgehensweise:

- Du legst dein Geodreieck mit der Grundseite an einen Schenkel des Winkels. Wichtig ist dabei, dass der Nullpunkt deines Geodreiecks mit dem Scheitel S des Winkels übereinstimmt.
- Lese nun auf der Skala die Winkelweite ab. Dabei benutzt du immer die Skala, bei der vom ersten zum zweiten Schenkel die Werte immer größer werden.

Der Winkel in unserem Bild hat eine Weite von 32°.

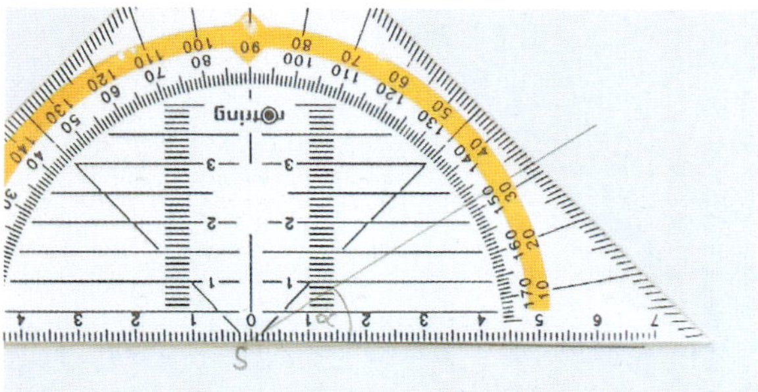

Zeichnen von Winkeln:

Beim Zeichnen eines Winkels gibt es zwei Möglichkeiten. In beiden Fällen liegt der Nullpunkt deines Geodreiecks auf dem Scheitel.

1. Nun drehst du das Geodreieck so lange, bis die Skala der gesuchten Winkelweite auf dem ersten Schenkel liegt.
2. Du machst bei der gewünschten Winkelweite mit den Bleistift einen kleinen Punkt. Diesen Punkt verbindest du nun mit dem Scheitel.

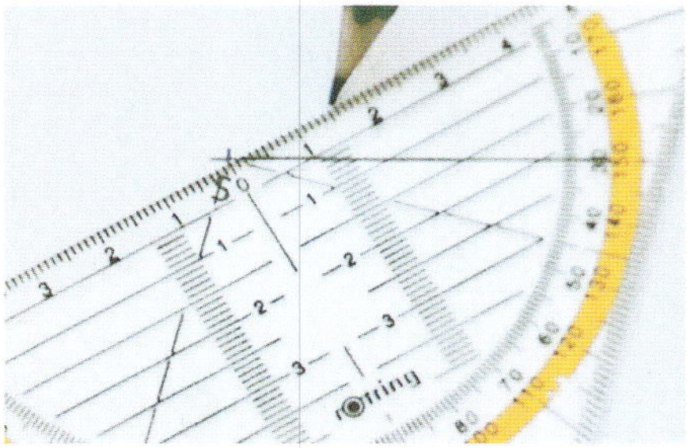

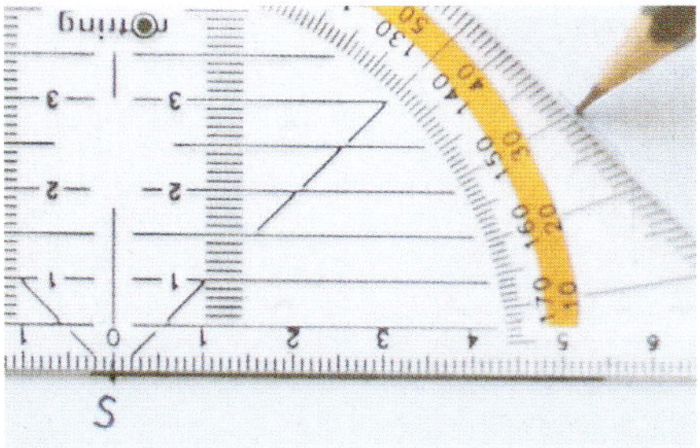

Winkelsorten:

Rechter Winkel Die Schenkel sind orthogonal zueinander (α = 90°).	**Gestreckter Winkel** Die Schenkel bilden eine Gerade (α = 180°).	**Vollwinkel** Die Schenkel liegen aufeinander (α = 360°).
Spitzer Winkel Die Weite des Winkels liegt zwischen 0° und 90°.	**Stumpfer Winkel** Die Weite des Winkels liegt zwischen 90° und 180°.	**Überstumpfer Winkel** Die Weite des Winkels liegt zwischen 180° und 360°.

Wissen kurz gefasst ✓

Ein Winkel besteht aus zwei Schenkeln und einem Scheitel.
Man misst sie mit dem Geodreieck in Grad.
Bezeichnet werden Winkel mit griechischen Buchstaben.

Kreise und Kreisausschnitte

Besondere Winkel sind Kreise und Kreisausschnitte.
Auf einem Kreis liegen alle Punkte, die von einem Punkt M den gleichen Abstand r haben.
Der Punkt M wird **Mittelpunkt des Kreises** genannt.
Der Abstand r wird **Radius des Kreises** genannt.
Zeichnet man eine Strecke durch den Mittelpunkt des Kreises, so erhält man den **Durchmesser d**. Der Durchmesser ist doppelt solang wie der Radius.

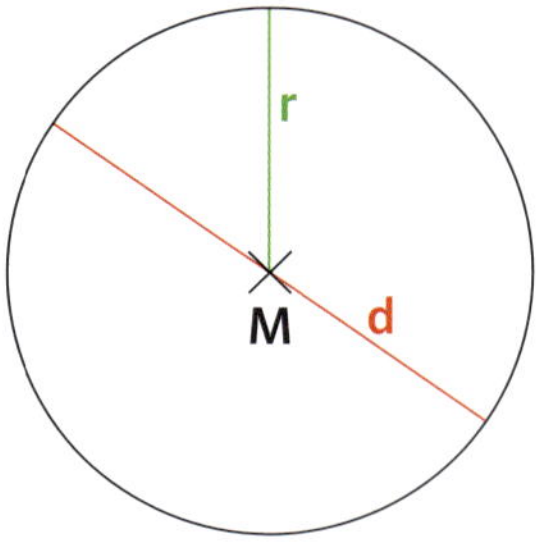

Zeichnest du in einen Kreis zweimal den Radius ein, so erhältst du einen **Kreisausschnitt**. Dabei ist der Mittelpunkt des Kreises auch der Scheitel eines Winkels. Dieser Winkel heißt **Mittelpunktswinkel**.

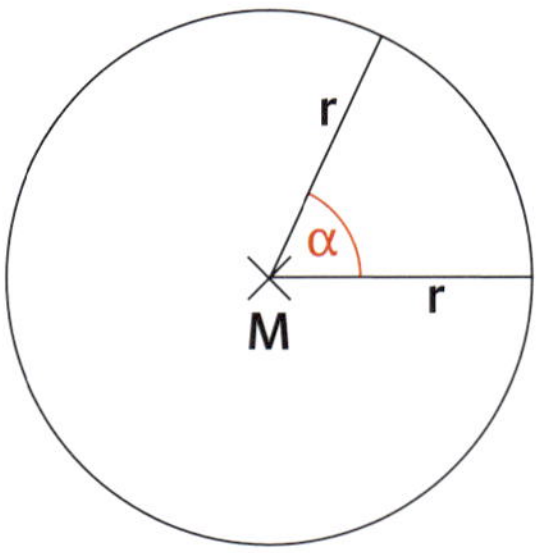

α = Mittelpunkts-winkel.

Willst du mit dem Fahrradcomputer deine Geschwindigkeit messen, musst du den Umfang deines Reifens kennen. Um diesen zu berechnen, gibt es eine Formel.

Umfang eines Kreises:
Der Umfang eines Kreises ist etwa dreimal so groß wie der Durchmesser des Kreises. Der genaue Faktor beträgt ungefähr 3,14 und heißt Kreiszahl π (sprich: pi).

$$u = \pi \cdot d = \pi \cdot 2r = 2 \cdot \pi \cdot r$$

Flächeninhalt eines Kreises:
Für den Flächeninhalt gilt:

$$A = \pi \cdot r^2$$

Beispiel

Berechne den Umfang und Flächeninhalt eines Kreises mit dem Radius r = 5 cm.

$u = 2 \cdot \pi \cdot r = 2 \cdot \pi \cdot 5\,cm = \pi \cdot 10\,cm \approx 31{,}42\,cm$
$A = \pi \cdot r^2 = \pi \cdot (5\,cm)^2 = \pi \cdot 25\,cm^2 = 78{,}54\,cm^2$

Wissen kurz gefasst

Ein Kreis ist eine Fläche, bei der alle Punkte auf der Kreislinie den gleichen Abstand r zum Mittelpunkt haben.
Zwei Radien schneiden aus einem Kreis einen Kreisausschnitt aus. Der entstehende Winkel heißt Mittelpunktswinkel.

Zuordnungen

Mittels einer Tabelle oder eines Diagramms können wir Größen veranschaulichen.

Schule mit Schulweg	Hausaufgaben Freizeit	Freizeit	Essen, Schlafen ...
7h	1h 30min	6h	9h 30min

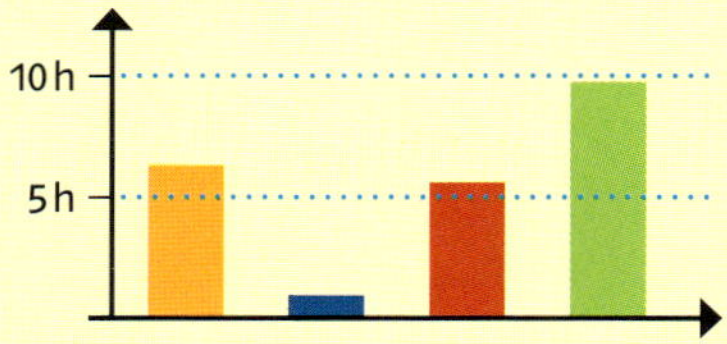

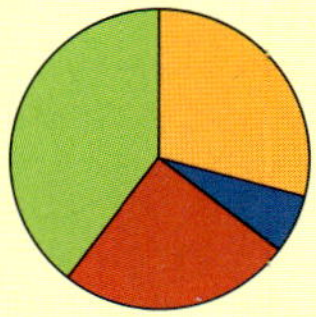

Mit Diagrammen kann man auch zeigen, wie zwei Größen voneinander abhängen, z. B. das Gewicht und der Preis oder die Temperatur von der Uhrzeit.

In einer **Zuordnungstabelle** beschreibt man, wie eine Größe von einer anderen Größe abhängt. Man ordnet also einer Ausgangsgröße eine andere Größe zu.

Diese Abhängigkeit bzw. Zuordnung kann man auch in einem **Diagramm** darstellen. Dazu trägt man die eine Größe auf der x-Achse ab und die andere Größe auf der y-Achse.
Abhängigkeiten kannst du oft **in Worten** formulieren.
Manchmal existiert eine **Zuordnungsvorschrift**. Mit dieser kann man mithilfe der Ausgangsgröße die zugeordnete Größe berechnen.

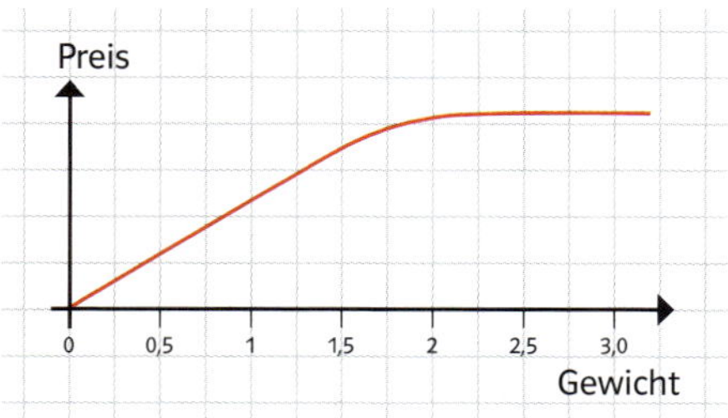

Liniendiagramm

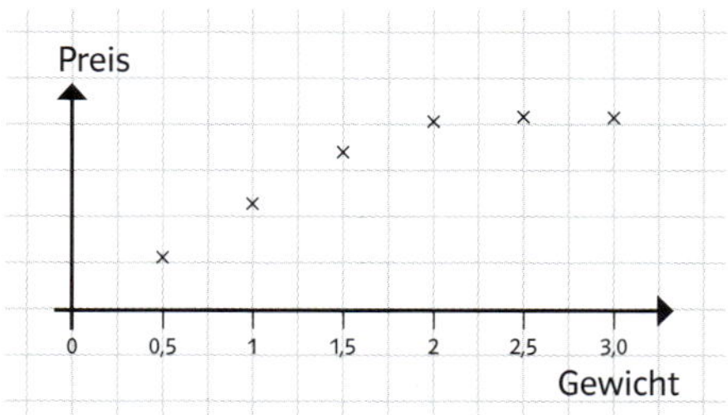

Punktdiagramm

Zuordnungen

Tipp

Die Diagramme können aus Punkten oder Linien bestehen.
Bei Liniendiagrammen werden die einzelnen Punkte miteinander verbunden.
Linien sind dann sinnvoll, wenn auch Zwischenwerte gefragt sind.

Beispiel

Die Tabelle gibt die Temperatur eines Sommertages in Abhängigkeit von der Uhrzeit wieder. Zeichen ein Diagramm, indem man diese Abhängigkeit erkennen kann .

Uhrzeit	6	8	10	12	14	16	18	20	22
T in °C	12	14	18	23	28	29	26	23	20

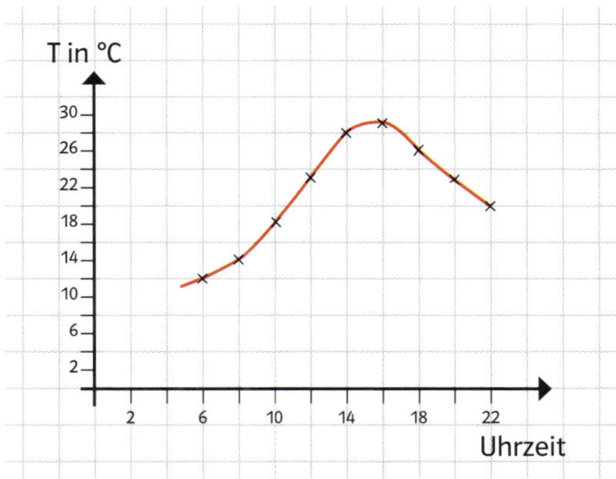

Wissen kurz gefasst ✓

Zuordnungstabellen und Diagramme sind dazu da, um Abhängigkeiten zwischen zwei Größen darzustellen.
Dazu trägt man die eine Größe auf der x-Achse und die andere Größe auf der y-Achse ab.
Es gibt Punkt- und Liniendiagramme.

Deine Mutter schickt dich in den Supermarkt. Du sollst 5 kg Kartoffeln einkaufen. Auf dem Schild steht jedoch nur der Preis für 15 kg. Wie viel kosten 5 kg?

Eine Größe ist **proportional** zu einer anderen Größe, wenn gilt:

- Verdoppelt (verdreifacht, vervierfacht, ...) man die erste Größe, so verdoppelt (verdreifacht, vervierfacht, ...) sich auch die zweite Größe.
- Halbiert (drittelt, viertelt, ...) man die erste Größe, so halbiert (drittel, viertelt, ...) sich auch die zweite Größe.

Zeichnet man für diese proportionale Zuordnung ein Diagramm, so erhält man eine Halbgerade, die im Ursprung beginnt.

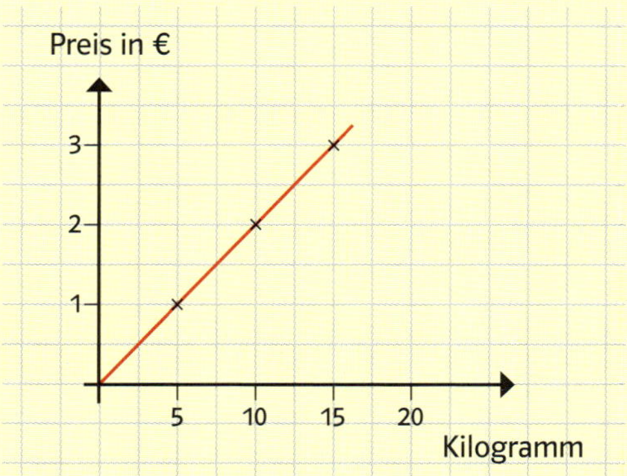

Proportionale Zuordnungen nennt man auch Je-mehr-desto-mehr-Zuordnungen, z. B. Je mehr Kartoffeln du kaufst, desto mehr musst du bezahlen.

Beispiel

Ein Schwimmbecken wird mit Wasser gefüllt. Die Tabelle gibt die Wassermenge und den zugehörigen Wasserstand im Becken wieder.
Vervollständige die Tabelle und zeichne das zugehörige Diagramm.
Wie hoch steht das Wasser bei einer Wassermenge von 250 m³?

Wassermenge	0 m³	100 m³	200 m³	300 m³	400 m³	500 m³
Füllhöhe	0 m	2 m	4 m	6 m	8 m	10 m

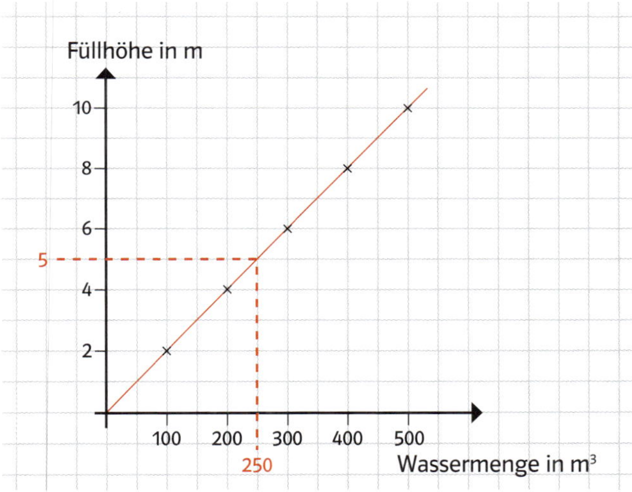

Wissen kurz gefasst ✓

Proportional Zuordnungen heißen auch Je-mehr-desto-mehr-Zuordnungen.

Verdoppelt (verdreifacht, vervierfacht, …) man den Wert einer Größe, so verdoppelt (verdreifacht, vervierfacht, …) sich auch der Wert der anderen Größe.

Halbiert (drittelt, viertelt, …) man den Wert einer Größe, so halbiert (drittelt, viertelt, …) sich auch der Wert der anderen Größe.

11 Zuordnungen Dreisatz bei proportionalen Zuordnungen

Bei einer proportionalen Zuordnung kann man die gesuchte Größe auch ohne Diagramm durch Rechnung bestimmen. Dazu benutzt man den so genannten Dreisatz.

Um den **Dreisatz** anwenden zu können, muss man vorher prüfen, ob es sich um eine proportionale Zuordnung handelt, d.h.:

- Wenn sich die eine Größe verdoppelt (verdreifacht, vervierfacht, ...), ob sich dann auch die andere Größe verdoppelt (verdreifacht, vervierfacht, ...)?
- Wenn sich die eine Größe halbiert (drittelt, viertelt, ...), ob sich dann auch die andere Größe halbiert (drittelt, viertelt, ...)?

Ist eine dieser Bedingungen erfüllt, kann man den Dreisatz anwenden.
Lösungsverfahren:

- Trage in einer Tabelle die zusammengehörenden Größenangaben ein. Die gesuchte Größe steht in der rechten Spalte.

Größe 1	Größe 2
Gegeben	Gegeben
...	...
Gegeben	Gesucht

- Suche durch Dividieren bzw. Multiplizieren einen geeigneten Zwischenwert.
- Berechne durch Multiplizieren bzw. Dividieren das Endergebnis.

Den Dreisatz kann man nur bei proportionalen Zuordnungen anwenden!

Beispiel

Ein Auto braucht für 100 km 8 l Benzin.
a) Wie viel Benzin braucht das Auto für 350 km?
b) Wie weit kann das Auto mit 55 l Benzin fahren?

a)

	Kilometer	Benzin	
	100	8	
· 3,5	350	28	· 3,5

Das Auto braucht für 350 km 28 Liter Benzin.

b)

	Benzin	Kilometer	
	8	100	
: 8	1	12,5	: 8
· 55	55	687,5	· 55

Mit 55 Litern Benzin kann das Auto 687,5 km fahren.

Wissen kurz gefasst ✓

Mit dem Dreisatz kann man bei proportionalen Zuordnungen mittels zweier zusammengehörender Größenangaben weitere Werte berechnen.

Lösungsstrategie:
- Gegebene und gesuchte Werte in eine Tabelle eintragen.
- Mittels Division bzw. Multiplikation einen Zwischenwert berechnen.
- Mittels Multiplikation bzw. Division das Endergebnis bestimmen.

Ihr wollt zu Hause euren 300 l Gartenteich mit einem Wasserschlauch befüllen. Da in 1 Minute 3 l aus der Zuleitung kommen, braucht ihr 100 Minuten, um den Teich zu füllen. Wie lange braucht ihr, wenn ihr 2, 3 oder 4 Zuleitungen benutzt?

Eine Größe ist **antiproportional** zu einer anderen Größe, wenn gilt:

- Verdoppelt (verdreifacht, vervierfacht, …) man die erste Größe, so halbiert (drittelt, viertelt, …) sich die zweite Größe.
- Halbiert (drittelt, viertelt, …) man die erste Größe, so verdoppelt (verdreifacht, vervierfacht, …) sich die zweite Größe.

Zeichnet man für diese antiproportionale Zuordnung ein Diagramm, so erhält man eine Hyperbel.

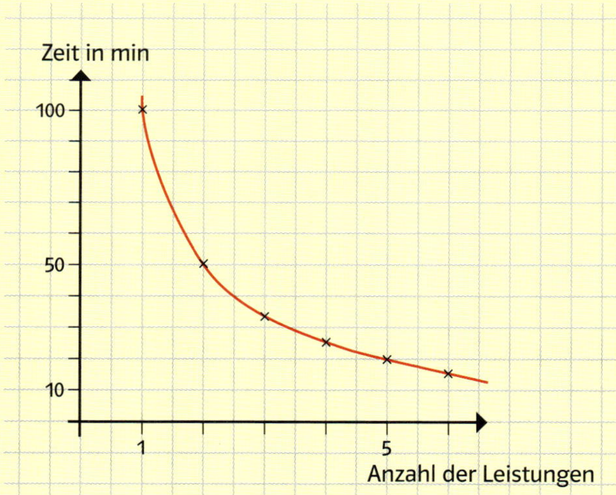

Antiproportionale Zuordnungen nennt man auch Je-mehr-desto-weniger Zuordnungen,
z. B. Je mehr Zuleitungen du benutzt, desto schneller ist dein Becken gefüllt.

Beispiel

Ein Rechteck soll bei variabler Länge und Breite immer den gleichen Flächeninhalt von 400 m² haben.
Vervollständige die Tabelle und zeichne das zugehörige Diagramm.

Länge in m	50	100	200	400
Breite in m	8	4	2	1

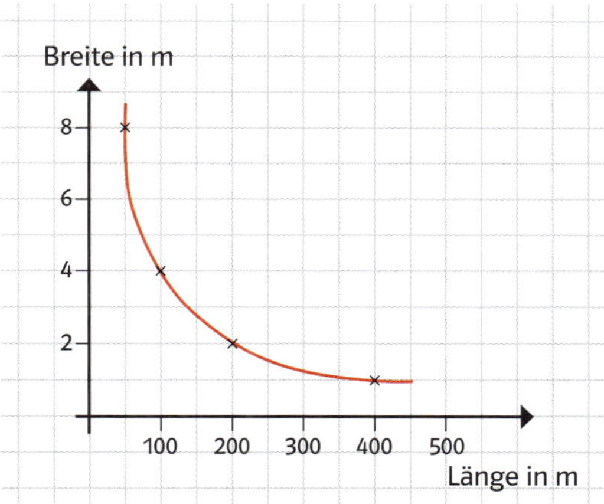

Wissen kurz gefasst ✓

Antiproportional Zuordnungen heißen auch Je-mehr-desto-weniger-Zuordnungen.

Verdoppelt (verdreifacht, vervierfacht, …) man den Wert einer Größe, so halbiert (drittelt, viertelt, …) sich der Wert der anderen Größe.

Halbiert (drittelt, viertelt, …) man den Wert einer Größe, so verdoppelt (verdreifacht, vervierfacht, …) sich der Wert der anderen Größe.

Wie bei einer proportionalen Zuordnung kann man auch bei einer antiproportionalen Zuordnung die gesuchte Größe ohne Diagramm durch Rechnung bestimmen. Dazu benutzt man ebenso den Dreisatz.

Will man den Dreisatz anwenden, muss man vorher prüfen, ob es sich um eine antiproportionale Zuordnung handelt, d.h.:

- Wenn sich die eine Größe verdoppelt (verdreifacht, vervierfacht, ...), ob sich dann die andere Größe halbiert (drittelt, viertelt, ...) ?
- Wenn sich die eine Größe halbiert (drittelt, viertelt, ...), ob sich dann die andere Größe verdoppelt (verdreifacht, vervierfacht, ...)?

Ist eine dieser Bedingungen erfüllt, kann man den Dreisatz anwenden.
Lösungsverfahren:

- Trage in einer Tabelle die zusammengehörenden Größenangaben ein. Die gesuchte Größe steht in der rechten Spalte.

Größe 1	Größe 2
Gegeben	Gegeben
...	...
Gegeben	Gesucht

- Suche durch Dividieren bzw. Multiplizieren einen geeigneten Zwischenwert.
- Berechne durch Multiplizieren bzw. Dividieren das Endergebnis.

Tipp

Den Dreisatz kann man nur bei proportionalen und antiproportionalen Zuordnungen anwenden!

Beispiel

Du liest ein Buch mit 120 Seiten. Wenn du jeden Tag 10 Seiten liest, bist du in 12 Tagen mit dem Buch fertig.

a) Wie viele Seiten musst du jeden Tag lesen, damit du nach 8 Tagen damit fertig bist ?
b) Wie viel Tage musst du lesen, wenn du jeden Tag nur 6 Seiten schaffst?

a)

	Zeit in Tagen	Seiten pro Tag	
	12	10	
: 3	4	30	· 3
· 2	8	15	: 2

Du musst jeden Tag 15 Seiten lesen, damit du in 8 Tagen fertig bist.

b)

	Seiten pro Tag	Zeit in Tagen	
	10	12	
: 5	2	60	· 5
· 3	6	20	: 3

Wenn du jeden Tag 6 Seiten liest, dann brauchst du 20 Tage.

Wissen kurz gefasst ✓

Mit dem Dreisatz kann man bei antiproportionalen Zuordnungen mittels zweier zusammengehörender Größenangaben weitere Werte berechnen.

Lösungsstrategie:
- Gegebene und gesuchte Werte in eine Tabelle eintragen.
- Mittels Division bzw. Multiplikation einen Zwischenwert berechnen.
- Mittels Multiplikation bzw. Division das Endergebnis bestimmen.

F1

Was versteht man unter der Menge der natürlichen Zahlen?

s. Kap. 1

F2

Wie kann man die Zahl 1 Billion darstellen?

s. Kap. 2

F3

Wie gehst du beim Runden von Zahlen vor?

s. Kap. 1

F4

Wie rechnet man Längeneinheiten um?

s. Kap. 1

F5

Wie rechnet man Gewichte um?

s. Kap. 1

F6

Wie rechnet man Zeitangaben um?

s. Kap. 1

F7

Was versteht man unter den Begriffen **Summe** und **Summand**?

s. Kap. 2

F8

Was versteht man unter den Begriffen **Differenz, Minuend** und **Subtrahend**?

s. Kap. 2

L2

$1\,000\,000\,000\,000 = 10^{12}$

L1

$\mathbb{N} = \{0; 1; 2; 3; 4; 5; \ldots\}$
Alle natürlichen Zahlen sind positiv.

L4

1 km = 1000 m
1 m = 10 dm = 100 cm = 1000 mm
1 dm = 10 cm = 100 mm
1 cm = 10 mm

3 500 cm = 350 dm = 35 m
47 dm = 470 cm = 4 700 mm

L3

1. Rundungsstelle wählen
2. Ziffer rechts von der Rundungsstelle betrachten.
3. Ist diese 0, 1, 2, 3, 4 so wird abgerundet. Die Rundungsziffer bleibt erhalten, alle rechts davon werden 0.
3. Ist diese 5, 6, 7, 8, 9 so wird aufgerundet. Die Rundungsziffer erhöht sich um 1, alle rechts davon werden 0.

L6

1 d = 24 h
1 h = 60 min
1 min = 60 s

3 h = 180 min
420 s = 7 min

L5

1 t = 1000 kg
1 kg = 1000 g
1 g = 1000 mg

3 t = 3 000 kg
65 000 mg = 65 g

L8

Das Ergebnis einer Subtraktion heißt Differenz. Die Zahl, von der subtrahiert wird, heißt Minuend. Die Zahl, die abgezogen wird, heißt Subtrahend.

43	–	12	=	31
Minuend		Subtrahend		Differenz

L7

Das Ergebnis einer Addition heißt Summe. Die beiden Zahlen, die miteinander addiert werden, heißen Summanden.

12	+	7	=	19
1. Summand		2. Summand		Summe

F9

Was versteht man unter den Begriffen **Produkt** und **Faktor**?

s. Kap. 2

F10

Was versteht man unter den Begriffen **Quotient, Dividend** und **Divisor**?

s. Kap. 2

F11

Welche Reihenfolge und Regeln gelten bei Rechenausdrücken?

s. Kap. 2

F12

Was versteht man unter dem Kommutativgesetz?

s. Kap. 3

F13

Was versteht man unter dem Assoziativgesetz?

s. Kap. 2

F14

Was versteht man unter dem Distributivgesetz?

s. Kap. 3

F15

Was bedeutet der Begriff Potenz in der Mathematik?

s. Kap. 2

F16

Woran erkennt man, ob eine Zahl durch 2 oder 3 teilbar ist?

s. Kap. 2

L10

Das Ergebnis einer Division heißt Quotient.
Die Zahl, die geteilt wird, heißt Dividend.
Die Zahl, durch die geteilt wird, heißt Divisor.

24	:	8	=	3
Dividend		Divisor		Quotient

L9

Das Ergebnis einer Multiplikation heißt Produkt.
Die beiden Zahlen, die miteinander multipliziert werden, heißen Faktoren.

3	·	4	=	12
1. Faktor		2. Faktor		Produkt

L12

Es heißt Vertauschungsgesetz und gilt bei der Addition und Multiplikation.

Sind a und b natürliche Zahlen, so gilt:
$a + b = b + a$
$a \cdot b = b \cdot a$

L11

Ohne Klammern
1. Von links nach rechts rechnen
2. Punkt- vor Strichrechnung

Mit Klammern
1. Klammern zuerst berechnen
2. Innerhalb von Klammern gilt Punkt- vor Strichrechnung.
3. Innere Klammern werden zuerst berechnet.

L14

Sind a und b natürliche Zahlen, so gilt:
$a \cdot (b + c) = a \cdot b + a \cdot c$
$a \cdot (b - c) = a \cdot b - a \cdot c$
$a : (b + c) = a : b + a : c$
$a : (b - c) = a : b - a : c$

Dieses Gesetz gilt bei allen vier Grundrechenarten.

L13

Sind a und b natürliche Zahlen, so gilt:
$a + (b + c\,) = (a + b) + c$
$a \cdot (b \cdot c) = (a \cdot b) \cdot c$

Es gilt bei der Addition und der Multiplikation.

L16

Eine Zahl ist durch 2 teilbar, wenn die letzte Ziffer durch 2 teilbar ist. Also 0, 2, 4, 6, 8.

Eine Zahl ist durch 3 teilbar, wenn die Summe aller Ziffern durch 3 teilbar ist.

L15

Ein Produkt aus gleichen Faktoren, kann man als Potenz schreiben.

$4^3 = 4 \cdot 4 \cdot 4 = 64$

4 nennt man die Basis
3 nennt man den Exponent

F17

Wie zeichnet man den Punkt P(7/3) in ein Koordinatensystem ein?

s. Kap. 3

F18

Worin unterscheiden sich Strecken von Geraden?

s. Kap. 3

F19

Wie können zwei Geraden g und h zueinander liegen?

s. Kap. 3

F20

Nenne die Eigenschaften von achsensymmetrischen Figuren.

s. Kap. 3

F21

Nenne die Eigenschaften einer punktsymmetrischen Figur.

s. Kap. 3

F22

Was versteht man unter einer Figur? Nenne Beispiele.

s. Kap. 4

F23

Was zeichnet ein Parallelogramm aus?

s. Kap. 4

F24

Wodurch ist eine Raute gekennzeichnet?

s. Kap. 4

L18

Strecken haben einen Anfangs- und einen Endpunkt. Man schreibt für die Strecke mit Anfangspunkt A und Endpunkt B: AB.

Geraden haben keinen Anfangs- und keinen Endpunkt. Sie werden mit Kleinbuchstaben bezeichnet.

L17

Vom Ursprung aus geht man auf der x-Achse 7 Längeneinheiten nach rechts und parallel zur y- Achse 3 Längeneinheiten nach oben.

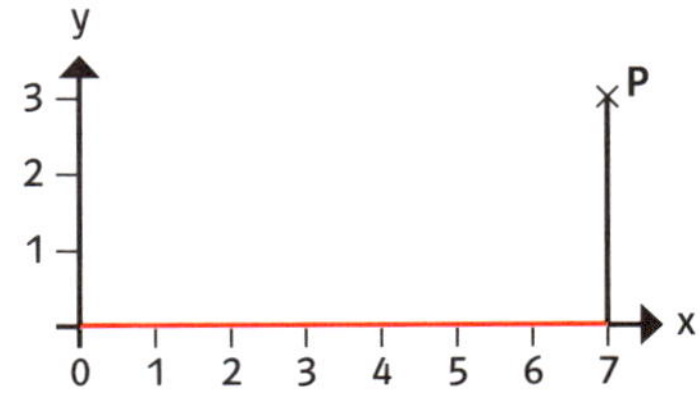

L20

- Die Verbindungslinie eines Punktes mit seinem Spiegelpunkt steht senkrecht zur Symmetrieachse.
- Punkt und Spiegelpunkt sind gleich weit entfernt von der Symmetrieachse.

L19

g und h können parallel sein: $g \parallel h$

g und h können senkrecht zueinander sein: $g \perp h$

$g \perp h$ können sich unter einem beliebigen Winkel schneiden

L22

Jede Fläche mit einer geschlossenen Linie in der Ebene heißt Figur.

Beispiele:
Dreieck, Viereck, Fünfeck, …

L21

- Die Verbindungslinien eines Punktes mit seinem Spiegelpunkt schneiden sich im Symmetriezentrum Z.
- Punkt und Spiegelpunkt sind gleich weit vom Symmetriezentrum entfernt.

L24

Bei einer Raute sind gegenüberliegende Seiten parallel und alle vier Seiten sind gleich lang.

Jede Raute ist auch ein Parallelogramm.

L23

Bei einem Parallelogramm sind gegenüberliegende Seiten parallel und gleich lang.

Die Diagonalen schneiden sich in einem Punkt und halbieren sich. Deshalb ist ein Parallelogramm punktsymmetrisch.

F25

Wie rechnet man Flächeneinheiten um?

s. Kap. 4

F26

Wie berechnet sich der Flächeninhalt und Umfang eines Rechtecks?

s. Kap. 4

F27

Wie berechnet sich der Flächeninhalt und Umfang eines Parallelogramms?

s. Kap. 4

F28

Wie berechnet sich der Flächeninhalt und Umfang eines Dreiecks?

s. Kap. 4

F29

Wie lauten die Eigenschaften eines Quaders?

s. Kap. 5

F30

Wie berechnet man den Rauminhalt bzw. Volumen eines Quaders?

s. Kap. 5

F31

Wie rechnet man Volumeneinheiten um?

s. Kap. 5

F32

Was ist der Bereich der ganzen Zahlen?

s. Kap. 6

L26

Für ein Rechteck mit den Seitenlängen a und b gilt:

Flächeninhalt: $A = a \cdot b$

Umfang: $u = 2 \cdot a + 2 \cdot b$

L25

$1\,km^2 = 100\,ha$

$1\,ha = 100\,a$

$1\,a = 100\,m^2$

$1\,m^2 = 100\,dm^2$

$1\,dm^2 = 100\,cm^2$

$1\,cm^2 = 100\,mm^2$

L28

Für ein Dreieck mit den Seitenlängen a, b, c und der Höhe h gilt:

Flächeninhalt: $A = \frac{1}{2} c \cdot h$

Umfang: $u = a + b + c$

L27

Für ein Parallelogramm mit den Seitenlängen a, b und der Höhe h gilt:

Flächeninhalt: $A = a \cdot h$

Umfang: $u = 2 \cdot a + 2 \cdot b$

L30

Sei a die Länge, b die Breite und c die Höhe des Quaders, so gilt:

$V = a \cdot b \cdot c$

L29

- acht Ecken mit 12 Kanten
- jeweils vier Kanten sind parallel zueinander
- parallele Kanten sind gleichlang.
- Benachbarte Kanten sind orthogonal zueinander
- Er wird durch sechs Rechtecke begrenzt.
- Gegenüberliegende Rechtecke sind gleich groß.

L32

Nimmt man zu den natürlichen Zahlen (0; 1; 2; 3; …) die negativen Zahlen (−1; −2; −3; …) hinzu, so erhält man den Bereich der ganzen Zahlen.

L31

$1\,m^3 = 1000\,dm^3$

$1\,dm^3 = 1000\,cm^3$

$1\,cm^3 = 1000\,mm^3$

$1\,l = 1\,dm^3 = 1000\,cm^3 = 1000\,ml$

$1\,cm^3 = 1\,ml$

$35\,m^3 = 35\,000\,dm^3$

$45\,000\,cm^3 = 45\,dm^3$

F33

Was ist der Betrag einer Zahl?

s. Kap. 6

F34

Vervollständige den Satz:

Addieren einer negativen Zahl ist dasselbe wie das __________ der Gegenzahl.

s. Kap. 6

F35

Vervollständige den Satz:

Subtrahieren einer negativen Zahl ist dasselbe wie das __________ der Gegenzahl.

s. Kap. 6

F36

Ist das Ergebnis positiv oder negativ?

$5 \cdot 3 =$

$4 \cdot (-6) =$

$-3 \cdot 8 =$

$-3 \cdot (-2) =$

s. Kap. 6

F37

Ist das Ergebnis positiv oder negativ?

$18 : 9 =$

$24 : (-6) =$

$-35 : 7 =$

$-72 : (-8) =$

s. Kap. 6

F38

Was beschreibt ein Bruch in der Mathematik?

s. Kap. 7

F39

Was beschreibt der Nenner und der Zähler eines Bruches?

s. Kap. 7

F40

Was versteht man unter dem Erweitern eines Bruches?

s. Kap. 7

L34

Subtrahieren

$8 + (-4) = 8 - 4 = 4$

L33

Der Abstand der Zahl von der 0 heißt Betrag der Zahl.

Der Betrag von −78 ist 78.
Der Betrag von +5 ist 5.

L36

$5 \cdot 3 = 15$
Das Ergebnis ist positiv.
$4 \cdot (-6) = -24$
Das Ergebnis ist negativ.
$-3 \cdot 8 = -24$
Das Ergebnis ist negativ.
$-3 \cdot (-2) = 6$
Das Ergebnis ist positiv.

L35

Addieren

$8 - (-7) = 8 + 7 = 15$

L38

Ein Bruch beschreibt den Anteil an einem Ganzen.
Z. B. $\frac{3}{4}$ von einem ganzen Kuchen.

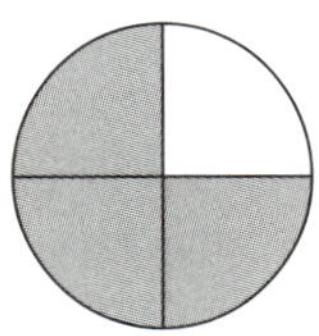

L37

$18 : 9 = 2$
Das Ergebnis ist positiv.
$24 : (-6) = -4$
Das Ergebnis ist negativ.
$-35 : 7 = -5$
Das Ergebnis ist negativ.
$-72 : (-8) = 9$
Das Ergebnis ist positiv.

L40

Man erweitert einen Bruch, indem man den Nenner und den Zähler mit der gleichen Zahl multipliziert.
Ein Bruch kann mit jeder natürlichen Zahl erweitert werden.

$$\frac{2}{4} = \frac{2 \cdot 4}{4 \cdot 4} = \frac{8}{16}$$

L39

Der Nenner gibt an, in wie viele gleich große Teile das Ganze zerlegt wird.

Der Zähler gibt an, wie viele von den gleich großen Teilen genommen wird.

F41

Was versteht man unter dem Kürzen eines Bruches?

s. Kap. 7

F42

Wann kann man Brüche vergleichen?
Ist $\frac{1}{5}$ oder $\frac{2}{15}$ größer?

s. Kap. 7

F43

Wie rechnet man Brüche in Prozent um?

s. Kap. 7

F44

Wie addiert oder subtrahiert man Brüche?

s. Kap. 7

F45

Wie multipliziert man einen Bruch mit einer ganzen Zahl?

s. Kap. 7

F46

Wie dividiert man einen Bruch durch eine ganze Zahl?

s. Kap. 7

F47

Wie multipliziert man Brüche?

s. Kap. 7

F48

Wie dividiert man Brüche?

s. Kap. 7

L42

Brüche kann man nur vergleichen, wenn sie den gleichen Nenner besitzen.
Bei gleichem Nenner ist der Bruch mit dem größeren Zähler der größere Bruch.

$\frac{1}{5} = \frac{3}{15}$; $\frac{3}{15} > \frac{2}{15}$; $\frac{1}{5} > \frac{2}{15}$

L41

Man kürzt einen Bruch, indem man den Nenner und den Zähler mit der gleichen Zahl dividiert.

$\frac{4}{12} = \frac{4:4}{12:4} = \frac{1}{3}$

L44

- Bringe zuerst die Brüche auf den gleichen Nenner.
- Schreibe die Brüche auf den gleichen Bruchstrich.
- Berechne den Zähler und behalte den Nenner bei.
- Kürze den Bruch vollständig.

$\frac{2}{3} + \frac{5}{4} = \frac{8}{12} + \frac{15}{12} = \frac{8+15}{12} = \frac{23}{12}$

L43

Um einen Bruch in Prozent umzurechnen, muss man den Nenner auf 100 erweitern.

Es gilt dann: $1\% = \frac{1}{100}$

$\frac{3}{4} = \frac{75}{100} = 75\%$

L46

Zuerst bestimmt man das Vorzeichen des Ergebnisses. Dann multipliziert man den Nenner des Bruches mit der Zahl und behält den Zähler bei.

$\frac{7}{8} : 6 = \frac{7}{8 \cdot 6} = \frac{7}{48}$

L45

Zuerst bestimmt man das Vorzeichen des Ergebnisses. Dann multipliziert man den Zähler des Bruches mit der Zahl und behält den Nenner bei.

$-5 \cdot \frac{3}{7} = -\frac{15}{7}$

L48

Zuerst bestimmt das Vorzeichen des Ergebnisses. Brüche werden dividiert, indem man den ersten Bruch mit dem Kehrwert des zweiten Bruches multipliziert.

$\frac{9}{5} : \frac{5}{6} = \frac{9}{5} \cdot \frac{6}{5} = \frac{54}{25}$

L47

Zuerst bestimmt man das Vorzeichen des Ergebnisses. Dann multipliziert man die Zähler und die Nenner miteinander.

$\frac{3}{8} \cdot \frac{4}{5} = \frac{3 \cdot 4}{8 \cdot 5} = \frac{12}{40} = \frac{3}{10}$

F49

Wie wandelt man einen Bruch in eine Dezimalzahl um?

s. Kap. 8

F50

Wie wandelt man eine Dezimalzahl in einen Bruch um?

s. Kap. 8

F51

Was muss man beim Addieren und Subtrahieren von Dezimalzahlen beachten?

s. Kap. 8

F52

Was passiert, wenn man eine Dezimalzahl mit einer Zehnerpotenz multipliziert?

s. Kap. 8

F53

Wie multipliziert man Dezimalzahlen miteinander?

s. Kap. 8

F54

Was passiert, wenn man eine Dezimalzahl durch eine Zehnerpotenz dividiert?

s. Kap. 8

F55

Wie dividiert man eine Dezimalzahl durch eine ganze Zahl?

s. Kap. 8

F56

Wie dividiert man eine Dezimalzahl durch eine Dezimalzahl?

s. Kap. 8

L50

Die Anzahl der Stellen hinter dem Komma bestimmt die Zehnerpotenz des Nenners. Hat die Dezimalzahl 1, 2, 3, … Nachkommastellen, so hat der Bruch den Nenner 10, 100, 1000, …

$2{,}25 = \frac{225}{100} = \frac{9}{4}$

L49

Man muss den Bruch erweitern, bis der Nenner eine Zehnerpotenz ist. Die Anzahl der Nullen bestimme die Stellen hinter dem Komma.

$\frac{9}{8} = \frac{9 \cdot 125}{8 \cdot 125} = \frac{1125}{1000} = 1{,}125$

L52

Multipliziert man eine Dezimalzahl mit einer Zehnerpotenz, so verschiebt sich das Komma nach rechts. Multipliziert man den Bruch mit 10, 100, 1000, …, so verschiebt sich das Komma um ein, zwei, drei, … Stellen nach rechts. Für fehlende Stellen muss man Nullen anfügen.

$8{,}35 \cdot 1000 = 8350$

L51

Man darf nur entsprechende Dezimalstellen miteinander addieren oder subtrahieren.
Beim schriftlichen Rechnen müssen die Kommas untereinander stehen.
$7{,}35 + 2{,}43 = 9{,}78$

L54

Dividiert man eine Dezimalzahl durch eine Zehnerpotenz so verschiebt sich das Komma nach links. Dividiert man den Bruch durch 10, 100, 1000, …, so verschiebt sich das Komma um ein, zwei, drei, … Stellen nach links. Für fehlende Stellen muss man Nullen anfügen.

$8{,}35 : 100 = 0{,}0835$

L53

1. Bestimme das Vorzeichen des Ergebnisses.
2. Multipliziere die Zahlen ohne Komma.
3. Setze dein Komma so, dass das Ergebnis genau so viele Stellen hinter dem Komma hat wie die beiden Faktoren zusammen.

L56

1. Bestimme das Vorzeichen des Ergebnisses.
2. Verschiebe bei beiden Dezimalzahlen das Komma bis der Divisor eine ganze Zahl ist.
3. Dividiere dann wie bei ganzen Zahlen.

L55

1. Bestimme das Vorzeichen des Ergebnisses.
2. Dividiere die Zahlen wie bei natürlichen Zahlen.
3. Sobald du das Komma überschreitest, setzt du auch das Komma im Ergebnis.

F57

Was besagt die Minusklammerregel?

s. Kap. 9

F58

Was besagt die Plusklammerregel?

s. Kap. 9

F59

Welche Winkelsorten gibt es?

s. Kap. 10

F60

Was ist der Mittelpunkt und der Radius eines Kreises?

s. Kap. 10

F61

Wie berechnet man den Flächeninhalt und den Umfang eines Kreises?

s. Kap. 10

F62

Was versteht man unter eine Zuordnungstabelle und einer Zuordnungsvorschrift?

s. Kap. 11

F63

Was ist eine proportionale Zuordnung?

s. Kap. 11

F64

Was ist eine antiproportionale Zuordnung?

s. Kap. 11

L58

Steht ein Pluszeichen vor einer Klammer, so löst man diese auf, indem man das Pluszeichen und die Klammer weglässt.

L57

Steht ein Minuszeichen vor einer Klammer, so löst man diese auf, indem man bei den Zahlen in der Klammer aus den Minuszeichen ein Pluszeichen und aus den Pluszeichen ein Minuszeichen macht.
Das Minuszeichen und die Klammer fallen weg.

L60

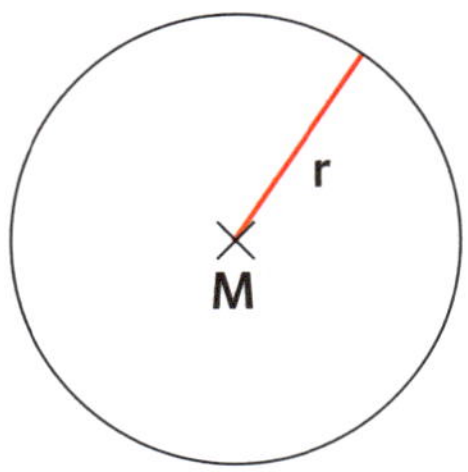

M: Mittelpunkt
r: Radius

L59

Rechter Winkel: $\alpha = 90°$
Gestreckter Winkel: $\alpha = 180°$
Vollwinkel: $\alpha = 360°$
Spitzer Winkel: $0° < \alpha < 90°$
Stumpfer Winkel: $90° < \alpha < 180°$
Überstumpfer Winkel: $180° < \alpha < 360°$

L62

Eine Zuordnungstabelle ist eine Tabelle, die beschreibt wie eine Größe von einer anderen Größe abhängt.

Mit einer Zuordnungsvorschrift kann man mit einer Ausgangsgröße die zugeordnete Größe berechnen.

L61

Für den Flächeninhalt eines Kreises mit dem Radius r gilt:

$A = \pi \cdot r^2$

Für den Umfang eines Kreises mit dem Radius r gilt:

$u = 2 \cdot \pi \cdot r = \pi \cdot d$

L64

- Verdoppelt (verdreifacht, vervierfacht, …) man die erste Größe, so halbiert (drittelt, viertelt, …) sich die zweite Größe.
- Halbiert (drittelt, viertelt, …) man die erste Größe, so verdoppelt (verdreifacht, vervierfacht, …) sich die zweite Größe.

L63

- Verdoppelt (verdreifacht, vervierfacht, …) man die erste Größe, so verdoppelt (verdreifacht, vervierfacht, …) sich auch die zweite Größe
- Halbiert (drittelt, viertelt, …) man die erste Größe, so halbiert (drittel, viertelt, …) sich auch die zweite Größe.